全国中等职业学校电工类专业通用
全国技工院校电工类专业通用（中级技能层级）

可编程序控制器及其应用（西门子）（第二版）习题册

林尔付　主编

中国劳动社会保障出版社

简　介

本习题册为全国中等职业学校电工类专业通用教材 / 全国技工院校电工类专业通用教材（中级技能层级）《可编程序控制器及其应用（西门子）（第二版）》的配套用书。本习题册内容紧扣教学要求，知识点分布均衡，题型丰富多样，习题难易适中，有助于学生复习巩固所学知识。

本习题册由林尔付任主编，刘昕雅、陈亮参加编写；李长军任主审。

图书在版编目（CIP）数据

可编程序控制器及其应用（西门子）（第二版）习题册 / 林尔付主编 .-- 北京：中国劳动社会保障出版社，2021

全国中等职业学校电工类专业通用　全国技工院校电工类专业通用 . 中级技能层级

ISBN 978-7-5167-3859-7

Ⅰ. ①可…　Ⅱ. ①林…　Ⅲ. ①可编程序控制器 - 中等专业学校 - 习题集
Ⅳ. ①TM571.6-44

中国版本图书馆 CIP 数据核字（2021）第 175445 号

中国劳动社会保障出版社出版发行

（北京市惠新东街 1 号　邮政编码：100029）

*

北京鑫海金澳胶印有限公司印刷装订　　新华书店经销

787 毫米 ×1092 毫米　16 开本　10.25 印张　219 千字

2021 年 9 月第 1 版　　2024 年 11 月第 6 次印刷

定价：19.00 元

营销中心电话：400-606-6496

出版社网址：http://www.class.com.cn

http://jg.class.com.cn

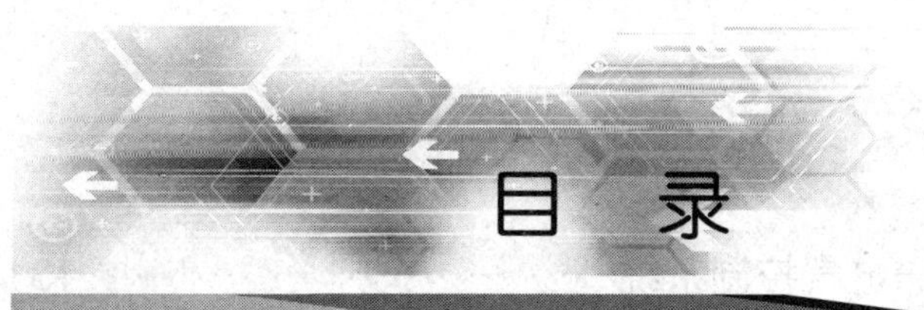

目 录

课题一 可编程序控制器基础知识

课题二 基本控制指令应用

课题三 顺序控制设计法及顺序控制继电器指令应用

课题四 功能指令应用

课题五　PLC 综合应用技术

课题一　可编程序控制器基础知识

任务 1　初识可编程序控制器

一、填空题（将正确的答案填写在横线上）

1．PLC 是以__________为基础，综合了__________技术、__________技术和__________技术发展起来的一种通用工业自动控制装置，与__________、__________并称为现代工业控制的三大支柱。

2．PLC 的 I/O 点数是指 PLC 外部的__________的个数，包括__________的 I/O 点数和__________的 I/O 点数。

3．PLC 的__________决定了 PLC 可以容纳的用户程序的长度，一般以________为单位来计算，1 024 个________为 1 KB。

4．PLC 的扩展能力取决于主机 CPU 的__________和__________。

5．PLC 产品按地域分主要有________、________和________三大流派。其中，________和________以中、大型 PLC 闻名，而________则以小型 PLC 著称。

6．按结构形式不同，PLC 可分为__________和__________两种类型。

7．整体式 PLC 是将________、________、________、________、________、__________等各功能集成在一个机壳内，形成一个整体。

8．模块式 PLC 是将整体式 PLC 主机内的各部分制成单独的模块，如________模块、________模块、________模块、________模块、________模块以及________模块等，这些模块通过________连接，安装在机架或导轨上。

9．PLC 按输入 / 输出点数不同，可以分为________、________、________三类。

10．S7–200 系列 PLC 是________型可编程序控制器，系统由________模块和各种功能丰富的________模块组成。

11．S7–200 系列 PLC 的 CPU 模块是将________、________、________、__________、__________、______________等各功能集成在一个紧凑的外壳中，从而形成了一个________式________型 PLC。

12．S7–200 系列 PLC 的 CPU 模块主要有__________、________、__________和__________四种基本型号。

二、判断题（正确的在括号内打“√”，错误的在括号内打“×”）

1．PLC 是一种数字运算操作的电子系统，是专为在工业环境中应用而设计的，它

采用可编程序的存储器。（　　）

2．PLC 只具有数字量或模拟量输入、输出控制能力。（　　）

3．PLC 的 I/O 点数是指 PLC 外部的输入、输出端子的个数。（　　）

4．PLC 的存储容量是指用户程序存储器和系统程序存储器的总容量。（　　）

5．CPU224XP 模块本机的 I/O 点数有 14DI/10DO，此外还自带 2AI/1AO。（　　）

6．CPU224 模块和 CPU226 模块各有两个 RS–485 通信口。（　　）

7．在逻辑控制方面，继电器优于 PLC。（　　）

8．小型 PLC 一般在单机或小规模生产过程中使用。（　　）

9．中型 PLC 适用于既有数字量又有模拟量的复杂控制系统。（　　）

三、选择题（将正确答案的序号填入括号中）

1．大型、中型和小型 PLC 的分类依据是（　　）。

A．输入 / 输出点数　　B．结构形式

C．输入点数　　D．输出点数

2．下列属于小型 PLC 的是（　　）。

A．西门子 S7–300 系列

B．西门子 S7–400 系列

C．西门子 S7–200 系列和 S7–1200 系列

D．西门子 S7–1500 系列

3．下列不属于 PLC 特点的是（　　）。

A．使用灵活方便，适应性强

B．可靠性高，抗干扰能力强

C．编程简单易学

D．设计、安装、调试和维修工作量大

4．下列指标属于 PLC 主要性能指标的是（　　）。

A．输入 / 输出点数　　B．扫描速度

C．系统程序存储器的容量　　D．扩展能力和功能模块种类

5．PLC 主要有（　　）和（　　）两种结构形式。

A．整体式　模块式　　B．整体式　分体式

C．整体式　分散式　　D．分体式　模块式

6．下列不属于模块式 PLC 特点的是（　　）。

A．CPU 为单独模块　　B．I/O 为独立模块

C．配置灵活　　D．安装、调试麻烦

7．CPU224 模块有（　　）个通信口。

A．1　　B．2　　C．3　　D．4

8．CPU226 模块的数据存储器容量为（　　）字节。

A．2 K　　B．8 K　　C．10 K　　D．1 K

9．选择 PLC 产品要注意的电气特征是（　　）。

A．CPU 执行速度和输入 / 输出模块形式

B．编程方法和输入 / 输出模块形式

C．容量、速度、输入 / 输出模块形式和编程方法

D．PLC 的体积、耗电、CPU 和容量

10．下列选项中，(　　)属于 PLC 最基本、最广泛的应用领域。

A．过程控制　　B．数字量控制　　C．模拟量控制　　D．运动控制

四、简答题

1．PLC 的定义是什么？

2．PLC 主要有哪些特点？

3．PLC 的主要性能指标有哪些？

4．解释 S7-200 系列 PLC 的 CPU 模块上标注的 DC/DC/DC 和 AC/DC/RLY 的含义。

5．选择 PLC 机型的基本原则是什么？

6．如何正确选择 PLC 的 I/O 点数？

五、技能题

现有一套电气设备需要用 PLC 控制，已知输入设备有按钮、行程开关、接近开关、光电开关等，主要用于控制继电器、接触器、电磁阀等，无其他特殊功能要求。经统计，输入信号需要 10 个，输出信号需要 8 个，试根据要求进行 PLC 机型的选择（限于 S7–200 系列 PLC）。

任务 2　可编程序控制器硬件安装与接线

一、填空题（将正确的答案填写在横线上）

1．PLC 硬件的基本组成包括________、________、________、________、________及________等。

2．PLC 的运算和控制中心是________。

3．根据用途不同，PLC 的存储器可分为________存储器和________存储器。

4．PLC 输入接口的作用是将用户输入设备向 PLC 发出的________信号转换成 CPU 能够接收和处理的________信号，并将其送给输入映像寄存器。

5．PLC 输入接口电路采用________隔离方式，PLC 输出接口电路的隔离方式有________式和________式两种。

6．PLC 的数字量输出接口电路有________输出型、________输出型和________输出型三种。其中，________输出型适用于交直流负载，________输出型适用于直流负载，________输出型适用于交流负载。如果系统负载变化频繁，则最好选用________输出型的 PLC。

7. PLC 输出接口的作用是将经过 CPU 处理的______信号转换成外部输出设备所需要的驱动信号，以驱动各种执行机构。

8. PLC 扩展接口是为连接______________而设计的专用接口。

9. PLC 通过通信接口实现与________、打印机、显示面板、________、其他 PLC 以及计算机等外部设备的通信。

10. PLC 的软件系统可分为_________和_________两大部分。

11. PLC 中的每一个软继电器与存储器中____________的一个存储单元相对应。该存储单元如果为“1”状态，则表示梯形图中对应软继电器的线圈________，其常开触点________，常闭触点________，这种状态称为该软继电器的________或________状态。

12. 梯形图中的逻辑运算是按__________、__________的顺序进行的。逻辑运算是根据__________________的值进行的，而不是根据运算瞬时外部输入触点的状态进行的。

13. PLC 的一个扫描周期包括__________、__________、__________、__________、__________五个工作过程。

14. PLC 与继电器控制的主要区别是工作方式不同，后者是按________方式工作的，而前者则是按_______方式工作的。

15. CPU 模块左侧有三个运行状态指示灯（LED），分别指示____________状态、__________状态和__________状态。

16. S7–200 系列 PLC 的 CPU 模块的工作模式有__________和__________两种。

17. 在配电盘上安装 CPU 模块时可采用________方式固定，也可以采用________方式固定；既可以________安装，也可以________安装。

18. 在安装和拆卸 S7–200 系列 PLC 的 CPU 模块前，应确保 S7–200 系列 PLC 的 CPU 模块的供电电源是断开的，而且与 CPU 模块连接的外部设备的电源也是________。

19. 对于二线制 NPN 型接近开关，棕色线与________相连，蓝色线与__________相连。对于三线制 NPN 型接近开关，棕色线与__________相连，同时与__________相连；黑色线是信号线，与______________相连；蓝色线与__________相连。

20. PLC 输出端接感性负载时，需根据负载的不同情况接入相应的保护电路。在交流感性负载两端并接__________电路，在直流感性负载两端并接__________电路。

二、判断题（正确的在括号内打“√”，错误的在括号内打“×”）

1. PLC 的存储器是一些具有记忆功能的半导体电路。（ ）

2. PLC 使用的存储器有只读存储器 ROM 和随机存储器 RAM 两种。（ ）

3. PLC 输入接口的作用是通过输入端子接收现场的输入信号，并将其转换成 CPU 能接收和处理的数字信号。（ ）

4. 系统程序存储器多用 RAM，用户程序存储器多用 ROM。（ ）

5. PLC 的存储器存储的数据均为二进制数，8 位二进制数组成 1 个字节。（ ）

6. PLC 只有直流输入接口电路采用光电耦合器进行隔离。（ ）

7. PLC 输出接口电路全部采用光电耦合隔离方式。（ ）

8. PLC 电源部件的作用是把外部交流电转换成内部电路正常工作所需的各种直流电。（ ）

9. PLC 可以向扩展模块提供 24 V 直流电源。（ ）

10. 系统程序是由 PLC 生产厂家编写的、固化到 RAM 中的应用程序。（ ）

11. 用户程序是用户根据工程现场的生产过程和工艺要求编写的应用程序。（ ）

12. 每当 PLC 执行完一行梯形图指令后，随即会将结果输出，从而产生相应的控制动作。（ ）

13. 在 PLC 循环扫描周期的程序执行阶段，当现场输入设备的状态发生改变时，输入映像寄存器中的数据也会发生改变。（ ）

14. PLC 的工作方式是等待扫描的工作方式。（ ）

15. 当 PLC 处于 STOP 工作模式时，PLC 的工作方式还是循环周期扫描工作方式。（ ）

16. 梯形图是程序的一种表示方法，也是控制电路。（ ）

17. 梯形图两边的两根竖线就是电源。（ ）

18. 梯形图中各软元件只有有限个常开触点和常闭触点。（ ）

三、选择题（将正确答案的序号填入括号中）

1. PLC 实质上是一种（ ）。

A. 软件系统　　B. 工业控制用的专用计算机

C. 硬件系统　　D. 普通微机

2. 下列不属于 PLC 硬件系统组成的是（ ）。

A. 中央处理单元　　B. 输入 / 输出接口

C. 用户程序　　D. I/O 扩展接口

3. PLC 的 CPU 与现场 I/O 设备通信的桥梁是（ ）。

A. I 模块　　B. O 模块　　C. I/O 模块　　D. 外设接口

4. 下列输出模块中可以交、直流两用的是（ ）。

A. 光电耦合输出模块　　B. 继电器输出模块

C. 晶体管输出模块　　D. 晶闸管输出模块

5. S7–200 系列 PLC 的继电器输出型输出接口驱动负载的能力是每一个输出点为（ ）A。

A. 0.5　　B. 0.75　　C. 1　　D. 2

6. S7–200 系列 PLC 的场效应晶体管输出型输出接口驱动负载的能力是每一个输出点为（ ）A。

A. 0.5　　B. 0.75　　C. 1　　D. 2

7. S7–200 系列 PLC 的双向晶闸管输出型输出接口驱动负载的能力是每一个输出点为（ ）A。

A. 0.5　　B. 0.75　　C. 1　　D. 2

8. 西门子 PLC 处于运行状态时，执行（ ）中的用户程序。

A．RAM B．ROM C．EEPROM D．flash memory

9．CPU 模块和扩展模块正常工作时需要（ ）工作电压。

A．AC 5 V B．DC 5 V C．AC 24 V D．DC 24 V

10．PLC 的系统程序不包括（ ）。

A．管理程序 B．供系统调用的标准程序模块

C．用户指令解释程序 D．数字量逻辑控制程序

11．PLC 的编程语言中是图形语言的有（ ）。

A．指令表和结构文本 B．继电器原理图

C．卡诺图 D．梯形图和功能块图

12．PLC 的工作方式是（ ）工作方式。

A．等待 B．中断 C．扫描 D．循环扫描

13．下列选项中，（ ）不属于 PLC 的工作过程。

A．读取输入 B．执行用户程序

C．程序编译 D．处理通信请求

14．下列选项中，（ ）是 PLC 工作过程中的第一个阶段。

A．执行 CPU 自诊断 B．执行用户程序

C．读取输入 D．处理通信请求

15．下列选项中，（ ）是 PLC 工作过程中的最后一个阶段。

A．读取输入 B．执行用户程序

C．写入输出 D．处理通信请求

16．PLC 有与计算机的通信请求时，在（ ）阶段完成数据的接收和发送任务。

A．执行 CPU 自诊断 B．处理通信请求

C．读取输入 D．写入输出

17．在读取输入阶段，PLC 将所有输入端的状态送到（ ）保存。

A．输出映像寄存器 B．变量寄存器

C．内部寄存器 D．输入映像寄存器

18．两个常开触点串联，则它们是（ ）逻辑关系。

A．或 B．与 C．非 D．与非

19．在写入输出阶段，PLC 把（ ）中的状态通过输出设备转换成被控设备所能接收的电压或电流信号，以驱动被控设备。

A．输入映像寄存器 B．中间寄存器

C．输出映像寄存器 D．辅助寄存器

20．在编程时，PLC 的内部触点（ ）。

A．可作常开触点使用，但只能使用一次

B．可作常闭触点使用，但只能使用一次

C．可作常开或常闭触点反复使用，且使用次数无限制

D．只能使用一次

21．下列选项中，（ ）是继电器控制系统的缺点。

A．连接导线简单　　B．电磁时间短
C．所用器件多，不易维护　　D．搬运容易

22．在进行 DIN 导轨安装时，应保持导轨固定点的间距为（　　）mm。
A．35　　B．75　　C．105　　D．135

23．西门子 PLC 漏型输入接口电路的电流从输入模块的信号输入端（　　），从输入模块内部输入电路的公共点 M 端（　　）。
A．流入　流入　　B．流出　流出
C．流出　流入　　D．流入　流出

24．一般而言，S7-200 系列 PLC 的 AC 输入电源的电压范围是（　　）V。
A．24 ~ 220　　B．85 ~ 264　　C．220 ~ 350　　D．24 ~ 380

25．下列场合中，不适宜以数字量控制为主的是（　　）。
A．LED 显示控制　　B．电梯控制
C．温度调节　　D．传送带启停控制

四、简答题

1．举例说明哪些常见的设备可以作为 PLC 的输入设备和输出设备。

2．在 PLC 输入 / 输出电路中，为什么要设立光电耦合器？

3．可编程序控制器的输入 / 输出处理规则是什么？

4. IEC 61131–3 中规定 PLC 的编程语言有哪几种？

5. 简述可编程序控制器的工作原理。

6. 简述 PLC 梯形图与继电器控制电路图的区别。

7. 梯形图中的触点为什么可以使用无限次？

8. 简述 PLC 梯形图中“能流”的概念。

9. 简述 PLC 控制系统与继电器控制系统的区别。

10. 改变 S7-200 系列 PLC 的 CPU 模块的工作模式有哪几种方法？

11. PLC 的输出端接感性负载时，应采用什么抗干扰措施？

五、技能题

1. 有一 CPU226 模块，输入端有一个三线制 PNP 型接近开关和一个二线制 PNP 型接近开关，应如何接线？试画出接线图。

2．有一 CPU226 模块，需控制一个 DC 24 V 的电磁阀和一个 AC 220 V 的电磁阀，输出端应如何接线？试画出接线图。

3．有一 CPU226 模块，控制两台步进电动机和一台三相异步电动机的启 / 停，三相异步电动机的启 / 停由一个接触器控制，接触器的线圈电压为 AC 220 V，输出端应如何接线？试画出接线图（步进电动机部分的接线可以省略）。

任务 3　可编程序控制器编程软件的使用

一、填空题（将正确的答案填写在横线上）

1．S7-200 系列 PLC 的用户程序由________、________和__________组成。

2．S7-200 系列 PLC 的存储单元有________、________、________和________四种编址方式。

3．位编址的格式由__________、__________、________和________四部分组成。

4．字节编址的格式由____________、__________和__________三部分组成。

5．IB0 中的 I 是________________，B 是________，0 是____________，

______是最高有效位，________是最低有效位。I0.3 表示的位地址中，0 是________，3 是______。

6．VD0 中的 V 是__________________，D 是____________，0 是____________；VD0 表示由__________和________这两个字组成的双字，或由_________、__________、__________、__________这四个字节组成的双字，其中________是最高有效字节，_________是最低有效字节。

7．PLC 的指令可分为__________和___________两大类。

8．经 STEP7-Micro/WIN 进行语法检查后，梯形图中错误处的下方会自动加上___________，语句表的错误行前会自动画上_______，并在错误处加上____________。

9．S7-200 系列 PLC 支持的指令集有____________和____________两种。

10．RS-232/PPI 多主站编程电缆中有________模块，模块外部设有______位拨码开关。其中，第 1、2、3 位拨码开关设置为 010 时，通信速率的默认值为__________。

11．利用 RS-232/PPI 多主站编程电缆进行计算机与 S7-200 系列 PLC 之间的硬件连接时，应将编程电缆的__________端连接到计算机的串行通信端口 COM1（或 COM2），将编程电缆的__________端连接到 S7-200 系列 CPU 模块的通信端口。

12．执行强制功能后，默认情况下 PLC 上的“SF/DIAG”（系统故障 / 诊断）灯显示为________色。

二、判断题（正确的在括号内打“√”，错误的在括号内打“×”）

1．主程序是程序的主体，每一个项目可以有多个主程序。 （ ）

2．主程序中可以调用子程序和中断程序。 （ ）

3．子程序可以有无数个，仅在被主程序、中断程序或其他子程序调用时执行。 （ ）

4．中断程序最多可以有 128 个，仅在被主程序调用时执行。 （ ）

5．VW0 表示 VB0、VB1 这两个字节组成的字，其中 VB1 是高有效字节，VB0 是低有效字节。 （ ）

6．一条指令由操作码和操作数组成，指令都是有操作数的。 （ ）

7．程序块由可执行的程序代码和注释组成。程序代码和注释可以一起被编译并下载到 PLC 中。 （ ）

8．只有在计算机与 PLC 建立通信联系，且 PLC 处于停止模式时，才能下载控制程序。 （ ）

9．在符号表中，不同的符号不能具有同一个地址。 （ ）

10．PLC 不包含符号表或状态图信息，因此不能上载符号表或状态图。 （ ）

11．“强制”某存储单元后必须再取消强制状态，否则这个强制状态不会被取消。 （ ）

12．“强制”和“取消强制”功能可以用于带有 V、M、AI 和 AQ 内存类型的字节、字和双字，但是不能用于 V、M、AI 和 AQ 的位。 （ ）

13．S7-200 系列 PLC 进行程序编译时，如显示错误信息为 0errors，则表示没有错误发生。 （ ）

三、选择题（将正确答案的序号填入括号中）

1．S7-200 系列 PLC 的控制程序由主程序、（　　）和中断程序组成。

A．初始化程序　　B．PID 程序　　C．循环程序　　D．子程序

2．S7-200 系列 PLC 每一个项目只能有（　　）个主程序。

A．1　　B．32　　C．64　　D．128

3．S7-200 系列 PLC 每一个项目最多可以有（　　）个子程序。

A．1　　B．32　　C．64　　D．128

4．S7-200 系列 PLC 每一个项目最多可以有（　　）个中断程序。

A．1　　B．32　　C．64　　D．128

5．S7-200 系列 PLC 的一个字包含（　　）位二进制数。

A．1　　B．8　　C．16　　D．32

6．下列数据类型中，占据存储空间最大的数据类型是（　　）。

A．位　　B．字节　　C．字　　D．双字

7．二进制数 1011101 等于十进制数（　　）。

A．92　　B．93　　C．94　　D．95

8．VD8 中，（　　）是最高有效字节。

A．VB8　　B．VB9　　C．VB10　　D．VB11

9．（　　）是 MD100 中最低的 8 位对应的字节。

A．MB100　　B．MB101　　C．MB102　　D．MB103

10．Q 是（　　）。

A．输入继电器　　B．输出继电器　　C．变量存储器　　D．累加器

11．SM 是（　　）。

A．输入继电器　　B．输出继电器

C．辅助继电器　　D．特殊辅助继电器

四、简答题

1．S7-200 系列 PLC 的编程元件有哪些？

2．如果 MD0=1FH，那么，MB0、MB1、MB2 和 MB3 的数值分别是多少？

3．简述计算机与 PLC 硬件连接的具体步骤。

4．简要分析 STEP7-Micro/WIN 与 CPU 模块通信失败的原因。

5．没有 RS-232C 接口的便携式计算机要使用具备 RS-232C 接口的编程电缆，下载程序到 S7-200 系列 PLC 中，应该做哪些预处理？

6．在 STEP7-Micro/WIN 软件中，“全部编译”和“编译”的区别是什么？

五、技能题

如图 1–3–1 所示为三个开关控制两盏灯的电路图。其中，SA1 ~ SA3 均为单极开关。要求利用 PLC 实现三个开关对两盏灯的控制，并进行安装与调试。

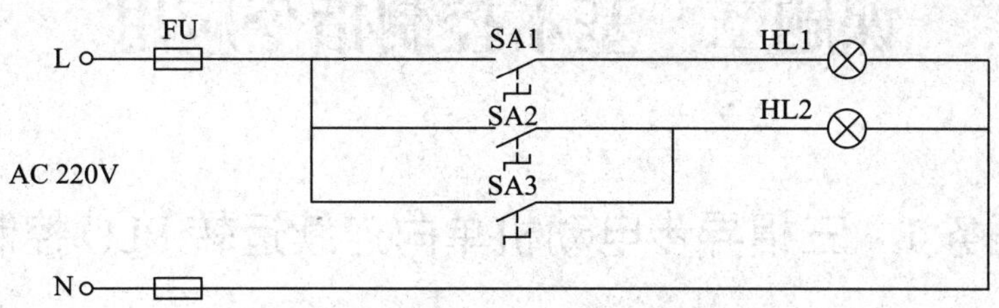

图 1–3–1 三个开关控制两盏灯的电路图

具体控制要求如下：

（1）当开关 SA1 闭合时，指示灯 HL1 点亮，反之则熄灭；当开关 SA2 或 SA3 任何一个闭合时，指示灯 HL2 点亮，只有当 SA2 和 SA3 都断开时，指示灯 HL2 才熄灭。

（2）具有短路保护等必要的保护措施。

课题二　基本控制指令应用

任务 1　三相异步电动机单向连续运转 PLC 控制

一、填空题（将正确的答案填写在横线上）

1．在每个扫描周期的开始，CPU 对输入点进行采样，并将采样值存于________________中，再通过数据总线送给 CPU 参与逻辑运算。PLC 在接下来的本周期各阶段不再改变________________中的值，直到下一个扫描周期的____________阶段。

2．从左母线取常开触点，要使用______指令；从左母线取常闭触点，要使用______指令。

3．单个常开触点的串联连接，要使用______指令；单个常闭触点的串联连接，要使用______指令。

4．单个常开触点的并联连接，要使用______指令；单个常闭触点的并联连接，要使用______指令。

5．LD 指令和 LDN 指令的操作数有 I、Q、________、________、________、________、V、S、L。

6．把从指令操作数指定的位地址 M0.2 开始的连续 3 个元件都置位并保持，则梯形图形式表示为________，语句表形式表示为____________。

7．把从指令操作数指定的位地址 Q0.3 开始的连续 5 个元件都复位并保持，则梯形图形式表示为________，语句表形式表示为____________。

8．让 Q0.1 ~ Q0.6=1，使用置位指令编程，则梯形图形式表示为________，语句表形式表示为________。

9．当 S Q0.0,3 语句执行后，Q0.2=______；若 Q0.1=Q0.2=Q0.6=1，其余为 0，则 QB0=____________。

10．输出指令不能用于______________继电器。

11．PLC 运行时总是接通的特殊辅助继电器是________；在第一个扫描周期接通，可用于初始化子程序的特殊辅助继电器是________。

12．特殊辅助继电器________产生周期为 1 min 的时钟脉冲，特殊辅助继电器________产生周期为 1 s 的时钟脉冲。

13．梯形图的每一行都是从______母线开始，线圈接在______母线。

14．线圈不能直接与______母线相连，即______母线与线圈之间一定要有触点。

如果需要，可以通过________连接。

二、判断题（正确的在括号内打“√”，错误的在括号内打“×”）

1．输入映像寄存器 I 属于字存储器。 （ ）

2．输出映像寄存器 Q 属于双字存储器。 （ ）

3．在程序中输入继电器只有触点，没有线圈。 （ ）

4．输入继电器只能由外部输入信号来驱动，而不能由 PLC 内部指令来驱动。 （ ）

5．= 指令是驱动线圈指令，用于驱动各种继电器。 （ ）

6．= 指令不能用于输入继电器。 （ ）

7．在梯形图中，可以多次使用输入继电器的常开触点和常闭触点。 （ ）

8．在梯形图中，可以多次使用输出继电器的常开触点和常闭触点。 （ ）

9．置位指令在使能输入有效后对从起始位开始的 n 位置 1 但不保持。 （ ）

10．S Q0.0,32 能对 Q0.0 到 Q3.7 成批置位。 （ ）

11．存储区的一位或多位被置位后，自己不能自动复位。 （ ）

12．对同一元件只能使用 S、R 指令各一次。 （ ）

13．在程序中同时使用 S、R 指令，这两条指令的先后顺序无所谓。 （ ）

14．在梯形图中，S、R 指令要放在逻辑串的中间，而不能放在逻辑串的最右端。 （ ）

15．在第一个扫描周期接通并可用于初始化子程序的特殊辅助继电器是 SM0.1。 （ ）

16．就梯形图的结构而言，触点是线圈的工作条件，线圈的动作是触点运算的结果。 （ ）

17．梯形图中的软继电器线圈断电，其常开触点断开，常闭触点闭合，称该软元件为 0 状态或 OFF 状态；软继电器线圈得电，其常开触点接通，常闭触点断开，称该软元件为 1 状态或 ON 状态。 （ ）

18．梯形图中的触点可以串联或并联，但继电器线圈只能串联而不能并联。 （ ）

19．线圈不能直接与左母线相连，即左母线与线圈之间一定要有触点。 （ ）

20．触点不能放在线圈的右边，即线圈与右母线之间不能有任何触点。 （ ）

三、选择题（将正确答案的序号填入括号中）

1．PLC 的输入继电器是（ ）。

A．装在输入模块内的微型继电器　　B．实际的输入继电器

C．从输入端口到内部的线路　　D．模块内部输入的中间继电器线路

2．PLC 的（ ）专门用来接收外部用户输入设备发来的输入信号，其线圈只能由外部信号驱动。

A．输入继电器　　B．输出继电器

C．辅助继电器　　D．计数器

3．PLC 的（　　）存放 CPU 执行用户程序的数据结果，用于控制外部负载，其线圈只能用程序指令驱动，不能用外部信号驱动。

A．输入继电器　　B．输出继电器　　C．辅助继电器　　D．计数器

4．PLC 的内部辅助继电器是（　　）。

A．内部软件变量，非实际对象，可多次使用

B．内部微型电器

C．一种内部输入继电器

D．一种内部输出继电器

5．PLC 中有许多辅助继电器，其作用相当于继电器控制系统中的（　　）。

A．接触器　　B．中间继电器　　C．熔断器　　D．时间继电器

6．PLC 的特殊辅助继电器指的是（　　）。

A．具有特定功能的内部继电器　　B．断电保护继电器

C．内部定时器和计数器　　D．内部状态指示继电器和计数器

7．S7-200 系列 PLC 的运行监视触点是（　　）。

A．SM0.0　　B．SM0.1　　C．SM0.4　　D．SM0.5

8．在 PLC 运行时，总为接通状态的特殊辅助继电器是（　　）。

A．SM0.0　　B．SM0.1　　C．SM0.4　　D．SM0.5

9．特殊辅助继电器（　　）可产生占空比为 50%，周期为 1 s 的脉冲串，称为秒脉冲。

A．SM0.0　　B．SM0.1　　C．SM0.4　　D．SM0.5

10．特殊辅助继电器（　　）可产生占空比为 50%，周期为 1 min 的脉冲串，称为分脉冲。

A．SM0.0　　B．SM0.1　　C．SM0.4　　D．SM0.5

11．30 s 关闭、30 s 打开的特殊辅助继电器是（　　）。

A．SM0.0　　B．SM0.1　　C．SM0.4　　D．SM0.5

12．O 指令用于（　　）的并联连接。

A．单个常闭触点　　B．单个常开触点

C．串联电路块　　D．并联电路块

13．ON 指令用于（　　）的并联连接。

A．单个常闭触点　　B．单个常开触点

C．串联电路块　　D．并联电路块

14．在执行输出指令时，PLC 将输出值存放到（　　）中。

A．输出映像寄存器　　B．变量寄存器

C．内部寄存器　　D．输入映像寄存器

15．S7-200 系列 PLC 的自保持置位指令是（　　）。

A．S　　B．R　　C．SET　　D．RST

16．置位 / 复位指令从指定的地址（位）开始，可以置位 / 复位（　　）点。

A．1 ~ 16　　B．1 ~ 32　　C．1 ~ 64　　D．1 ~ 255

四、简答题

1．I0.5 表示的含义是什么？ QB1 表示的含义是什么？

2．若输出映像寄存器 QB0 中的数据为 3，则 PLC 的哪些输出点指示灯接通点亮？

3．简述 PLC 并行输出与纵接输出的区别。

4．S、R 指令的功能是什么？在使用 S、R 指令编程时应注意哪些问题？

5．什么是双线圈输出？双线圈输出是语法错误吗？在 S7–200 系列 PLC 中如何处理双线圈输出问题？

6．简述梯形图的编程规则。

7．对于常闭触点输入信号，进行 PLC 编程时应该如何处理？

五、编程题

1．设计满足如图 2-1-1 所示时序图的梯形图。

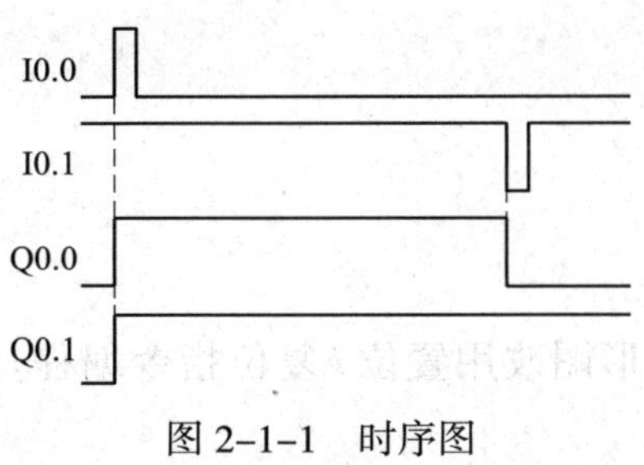

图 2-1-1 时序图

2．根据如图 2-1-2 所示梯形图及 I0.0 的波形，画出其余软继电器的波形。

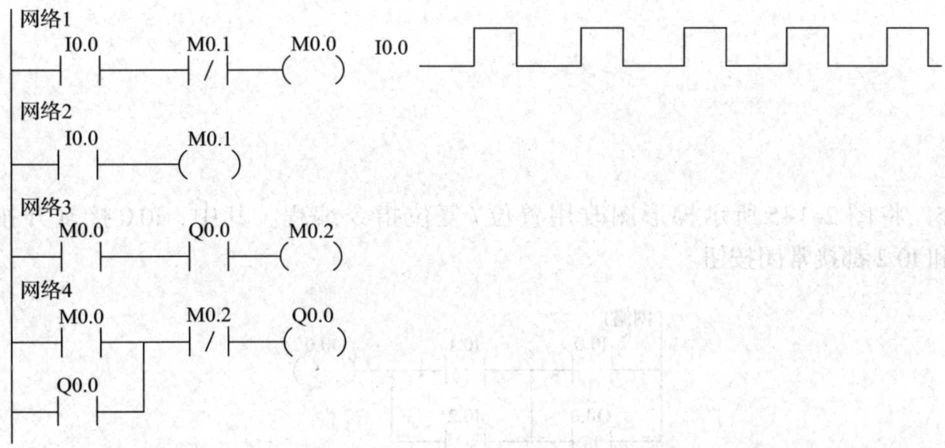

图 2-1-2 梯形图

3．如图 2-1-3 所示梯形图能否编程，为什么？如果不能，应如何改进？

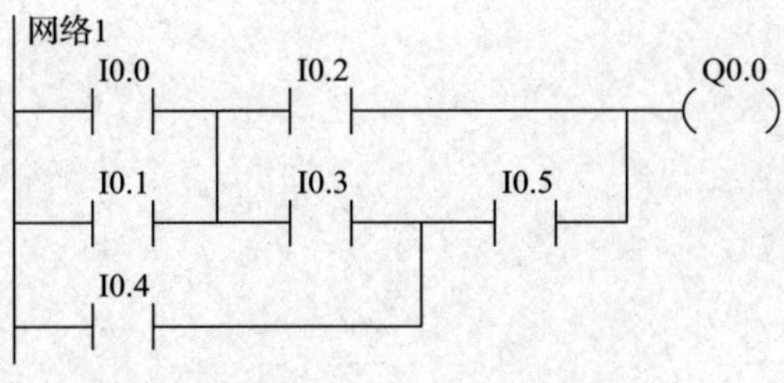

图 2-1-3 梯形图

4．将图 2-1-4 所示梯形图改用置位 / 复位指令编程。其中，I0.0、I0.1 和 I0.2 都接常开按钮。

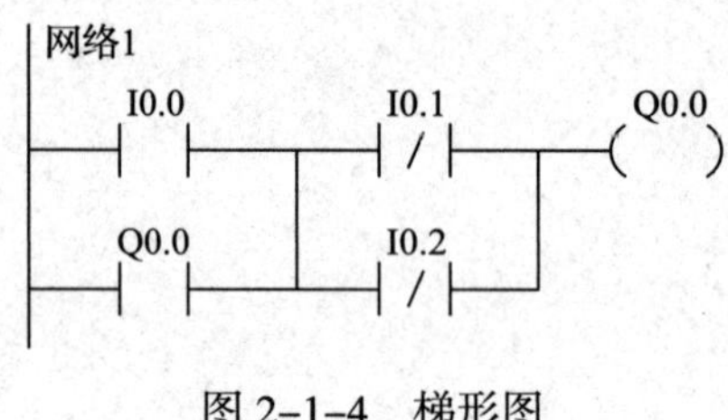

图 2-1-4　梯形图

5．将图 2-1-5 所示梯形图改用置位 / 复位指令编程。其中，I0.0 接常开按钮，I0.1 和 I0.2 都接常闭按钮。

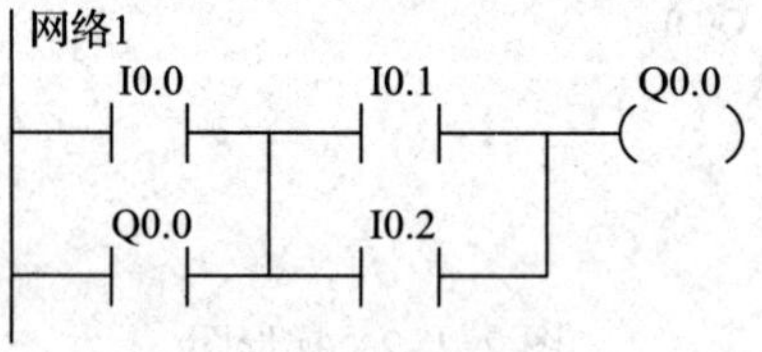

网络1
I0.0
I0.1
Q0.0
Q0.0
I0.2

图 2-1-5　梯形图

6. 分别用启保停电路和置位 / 复位指令编程实现如下控制要求：当 I0.0、I0.1（都接常开按钮）同时动作时，Q0.0 得电并自锁；当 I0.2、I0.3（都接常开按钮）中有一个动作时，Q0.0 失电并解除自锁。

7. 利用 PLC 设计抢答器程序，具体控制要求和工艺要求如下。

（1）控制要求：有三个抢答席和一个主持人席，每个抢答席上各有一个抢答按钮和一盏抢答指示灯。参赛者在允许抢答后，第一个按下抢答按钮的抢答席上的指示灯点亮，且释放抢答按钮后，指示灯仍然亮；此后，另外两个抢答席上即使再按各自的抢答按钮，其指示灯也不会亮。该题抢答结束后，主持人按下主持席上的复位按钮（常闭按钮），指示灯熄灭，又可以进行下一题的抢答。

（2）工艺要求：本控制系统有四个按钮，其中三个常开按钮分别为 SB1、SB2、SB3，一个常闭按钮为 SB0。控制对象为 3 盏灯，分别为 HL1、HL2、HL3。

8．某组合机床动力头的工作循环如图 2–1–6 所示，元件动作表见表 2–1–1。在原位，SQ1 被压合，这时按下启动按钮 SB，电磁阀 YV1 工作，动力头向右快速进给（简称“快进”）；快进到 SQ2 位置，SQ2 动作，电磁阀 YV1 和电磁阀 YV2 工作，动力头变为工作进给（简称“工进”）；工进到压力继电器 KP 位置，压力继电器 KP 动作，电磁阀 YV3 工作，动力头快速退回（简称“快退”）；快退到原位，SQ1 动作，动力头自动停止。要求使用置位 / 复位指令编写程序。

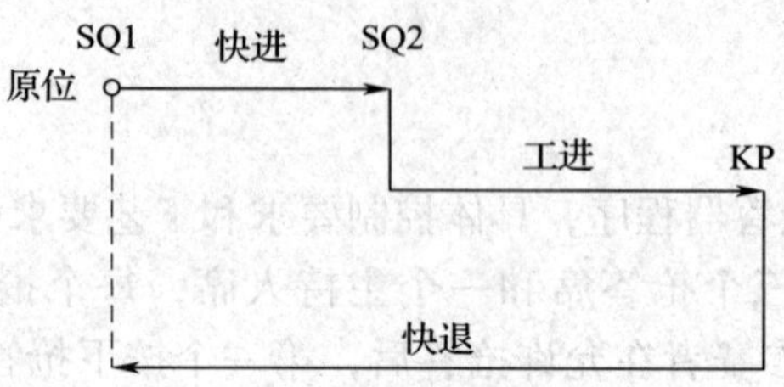

图 2–1–6　某组合机床动力头的工作循环

表 2–1–1　元件动作表

工作位置	YV1（快进电磁阀）	YV2（工进电磁阀）	YV3（快退电磁阀）
原位	–	–	–
快进	+	–	–
工进	+	+	–
快退	–	–	+

9．现有三台电动机 M1、M2、M3，要求按下启动按钮 I0.0 后，电动机按顺序启动（M1 先启动，接着 M2 启动，最后 M3 启动）；按下停止按钮 I0.1 后，电动机按逆序停止（M3 先停止，接着 M2 停止，最后 M1 停止）。设计实现上述控制要求的梯形图。

六、技能题

1．将图 2-1-7 所示传统的继电器控制方式改为 PLC 控制方式，并完成三相异步电动机两地连续运行 PLC 控制线路的设计、安装和调试。

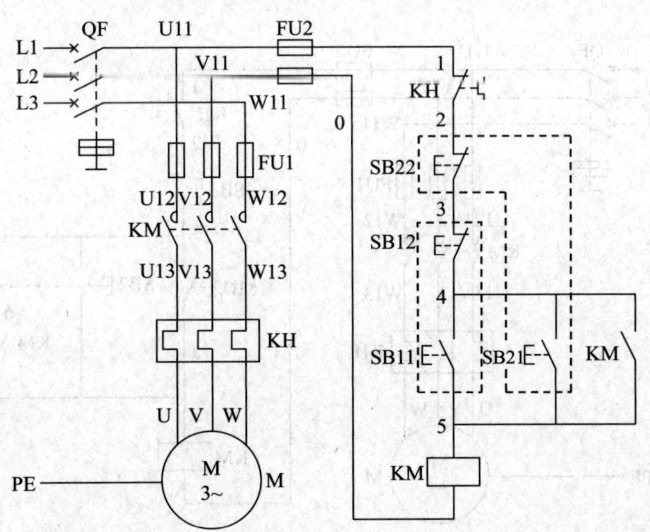

图 2-1-7　三相异步电动机两地连续运行控制线路图

控制要求如下：

（1）当按下甲地启动按钮 SB11 或乙地启动按钮 SB21 时，电动机启动连续运行；当按下甲地停止按钮 SB12 或乙地停止按钮 SB22 时，电动机停止运行。

（2）具有短路、过载保护等必要的保护措施。

2. 将图 2–1–8 所示传统的继电器控制方式改为 PLC 控制方式，并完成三相异步电动机点动与连续运行 PLC 控制线路的设计、安装和调试。

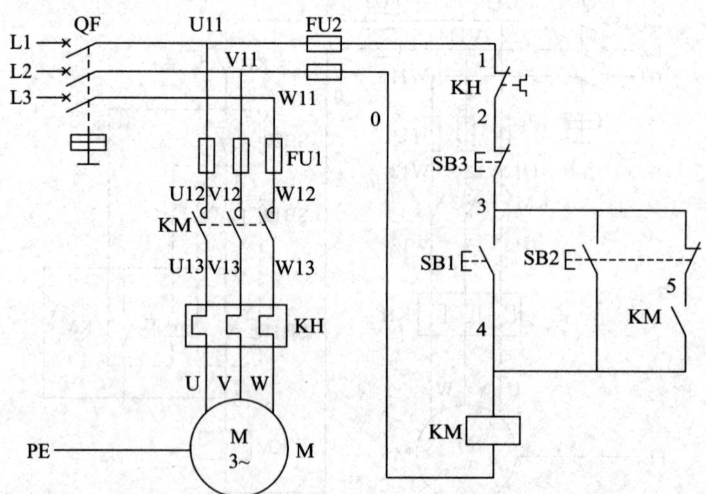

图 2–1–8　三相异步电动机点动与连续运行控制线路图

控制要求如下：

（1）当按下启动按钮 SB1 时，电动机启动连续运行；当按下点动按钮 SB2 时，电动机点动运行；当按下停止按钮 SB3 或者热继电器 KH 过载保护动作时，电动机停止运行。

（2）具有短路、过载保护等必要的保护措施。

任务 2　三相异步电动机正反转 PLC 控制

一、填空题（将正确的答案填写在横线上）

1．S7-200 系列 PLC 的堆栈是由________个堆栈位存储器组成的串联堆栈。

2．逻辑堆栈的操作原则是________________，________________。

3．逻辑堆栈指令包括________________________、________________________、________________________、________________________、________________________和装载堆栈指令 LDS。

4．两个或两个以上触点串联连接的电路称为___________，两个或两个以上触点并联连接的电路称为___________。

5．并联电路块与前面的电路串联连接时，使用________指令。分支的起点要使用________指令，并联电路结束后使用________指令与前面的电路串联。

6．串联电路块并联的逻辑运算要使用________指令。并联连接几个串联支路时，其支路的起点以__________指令开始，并联结束后用________指令。

7．LPS 指令用于复制________的值并将这个值置于________，原堆栈中各级栈值依次________一级。

8．LPS、LRD 和 LPP 指令均不带__________，其中________和________指令必须配对使用。

二、判断题（正确的在括号内打“√”，错误的在括号内打“×”）

1．栈装载与指令是对堆栈中的第一层和第二层的值进行逻辑与操作，并将结果存入栈顶的指令。（　　）

2．栈装载或指令是对堆栈中的第一层和第二层的值进行逻辑或操作，并将结果存入栈顶的指令。（　　）

3．执行逻辑进栈指令使堆栈深度减 1。（　　）

4．执行逻辑出栈指令使堆栈深度加 1。（　　）

三、单项选择题（将正确答案的序号填入括号中）

1．ALD 指令用于（　　）的串联连接。

A．单个常闭触点　　B．单个常开触点

C．串联电路块　　D．并联电路块

2．OLD 指令用于（　　）的并联连接。

A．单个常闭触点　　B．单个常开触点

C．串联电路块　　D．并联电路块

3．串联电路块最少有（　　）个触点。

A．2　　B．4　　C．6　　D．8

4．并联电路块最少有（　　）个触点。

A．2　　B．4　　C．6　　D．8

5. 必须成对使用的一组指令是（　　）。

A. S 和 R　　B. ALD 和 OLD

C. LPS 和 LPP　　D. LPS 和 LRD

6. 在堆栈操作指令中，（　　）是逻辑进栈指令。

A. LPS　　B. LRD　　C. LDS　　D. LPP

7. 在堆栈操作指令中，（　　）是逻辑读栈指令。

A. LPS　　B. LRD　　C. LDS　　D. LPP

8. 在堆栈操作指令中，（　　）是逻辑出栈指令。

A. LPS　　B. LRD　　C. LDS　　D. LPP

四、多项选择题（将正确答案的序号填入括号中）

1. 属于动合（常开）触点指令的有（　　）。

A. LD　　B. LDN　　C. A

D. AN　　E. O　　F. ON

2. 属于动断（常闭）触点指令的有（　　）。

A. LD　　B. LDN　　C. A

D. AN　　E. O　　F. ON

3. 属于串联指令的有（　　）。

A. A　　B. AN　　C. ALD

D. OLD　　E. O　　F. ON

4. 属于并联指令的有（　　）。

A. A　　B. AN　　C. ALD

D. OLD　　E. O　　F. ON

五、简答题

用 PLC 改造正反转控制线路时，应如何保证互锁控制？

六、编程题

1．根据表 2–2–1 中的梯形图编写语句表。

表 2–2–1　　　　根据梯形图编写语句表

梯形图	语句表
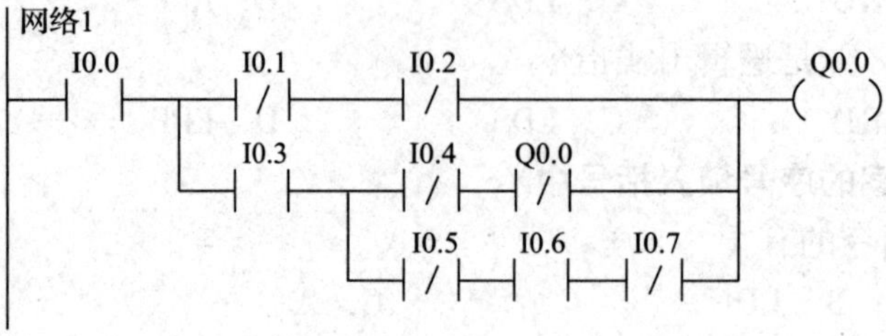 网络1 I0.0 I0.1 I0.2 Q0.0 I0.3 I0.4 Q0.0 I0.5 I0.6 I0.7	
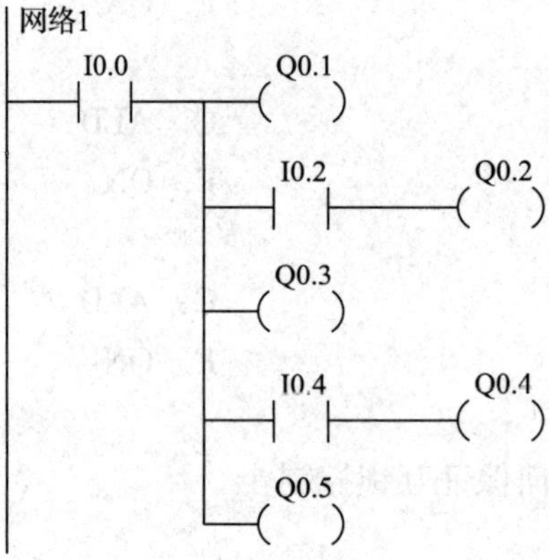 网络1 I0.0 Q0.1 I0.2 Q0.2 Q0.3 I0.4 Q0.4 Q0.5	
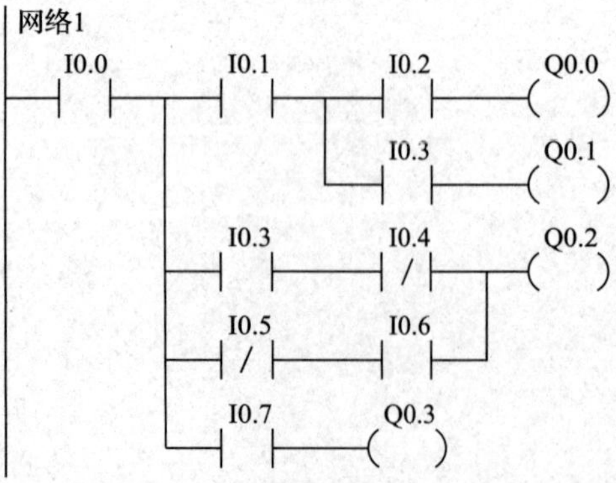 网络1 I0.0 I0.1 I0.2 Q0.0 I0.3 Q0.1 I0.3 I0.4 Q0.2 I0.5 I0.6 I0.7 Q0.3	

2. 根据表 2–2–2 中的语句表画出梯形图。

表 2–2–2 **根据语句表画出梯形图**

语句表	梯形图
LD I0.0 O I0.1 LD I0.2 A I0.3 LD I0.4 AN I0.5 OLD O I0.6 ALD ON I0.7 = Q0.0	
LD I0.0 LPS AN I0.1 = Q0.1 LRD A I0.2 = Q0.2 LRD = Q0.3 LRD A I0.4 = Q0.4 LPP = Q0.5	
LD I0.0 O I0.1 AN I0.2 LPS A I0.3 AN Q0.1 = Q0.0 LRD LD I0.4 A I0.5 ON Q0.0 ALD AN I0.7 = Q0.1 LPP AN Q0.1 LDN I1.0 O I1.2 ALD = Q0.2	

3．分别用启保停电路和置位 / 复位指令设计两套电动机启 / 停控制的 PLC 梯形图，控制要求如下。

（1）启动时，电动机 M1 先启动，M2 才能启动；停止时，M1、M2 同时停止。

（2）启动时，电动机 M1 和 M2 同时启动；停止时，只有在电动机 M2 停止后，电动机 M1 才能停止。

七、技能题

1．如图 2–2–1 所示为两台电动机顺序启动联锁控制的继电器控制线路。分别用一般逻辑指令和置位 / 复位指令设计 PLC 控制梯形图，并完成线路的安装和调试。

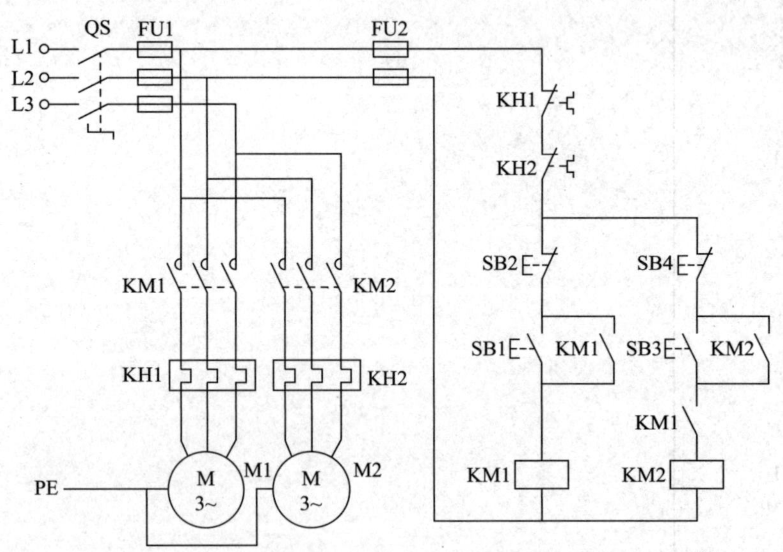

图 2–2–1　两台电动机顺序启动联锁控制线路

2. 将图 2–2–2 所示传统的继电器控制方式改为 PLC 控制方式，并完成工作台自动往返运动 PLC 控制线路的设计、安装和调试。

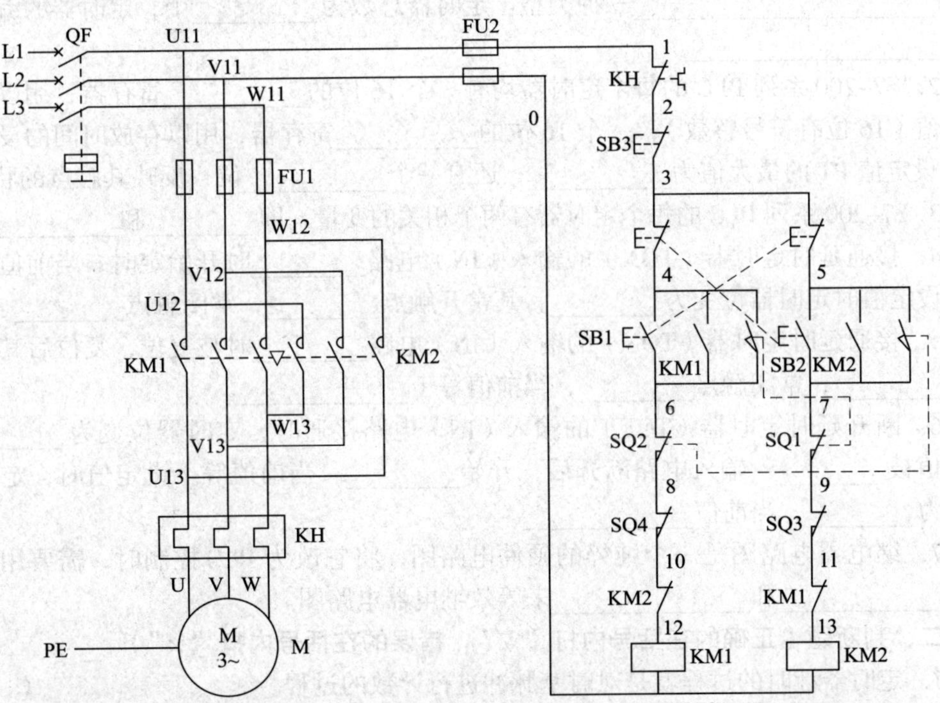

图 2–2–2 工作台自动往返运动控制线路

任务 3　三相异步电动机Y-△降压启动 PLC 控制

一、填空题（将正确的答案填写在横线上）

1．S7-200 系列 PLC 的定时器有____________、____________和____________三种类型。定时器总数为______个，定时器的编号范围为__________。

2．S7-200 系列 PLC 的每个定时器均有一个 16 位的______寄存器，用以存放当前值（16 位有符号整数）；一个 16 位的______寄存器，用以存放时间的设定值 PT，设定值 PT 的最大值为______；还有一个______位，反映其触点的状态。

3．S7-200 系列 PLC 的每个定时器有两个相关的变量，即______和______。

4．接通延时定时器（TON）的输入（IN）电路______时开始定时，当前值大于等于设定值时定时器位变为______，其常开触点______，常闭触点______。

5．接通延时定时器（TON）的输入（IN）电路______时被复位，复位后其常开触点______，常闭触点______，当前值等于______。

6．断开延时定时器（TOF）的输入（IN）电路接通时，定时器位变为______，当前值被______。输入电路断开后，开始______。当前值等于设定值时，定时器位变为______，当前值______。

7．继电器电路图是一个纯粹的硬件电路图，将它改为 PLC 控制时，需要用 PLC 的________和________来等效继电器电路图。

二、判断题（正确的在括号内打“√”，错误的在括号内打“×”）

1．定时器计时的过程就是对时基脉冲进行计数的过程。（　　）

2．S7-200 系列 PLC 的定时器的编号范围为 T1 ~ T256，其中 TONR 为 60 个，其余 196 个可定义为 TON 或 TOF。（　　）

3．定时器定时时间长短取决于定时分辨率。（　　）

4．接通延时定时器指令 TON 的输入端 IN 由“1”变“0”时，定时器并不复位而是保持原值。（　　）

5．断开延时定时器指令 TOF 的输入端 IN 接通时，定时器位立即被置为 1，并把计时当前值设为 0；输入端 IN 断开时，定时器开始计时，当计时当前值等于设定值时，定时器位变为 0，并且停止计时。（　　）

6．保持型接通延时定时器指令 TONR 的启动输入端 IN 由“1”变“0”时，定时器复位清零。（　　）

7．保持型接通延时定时器指令 TONR 具有计时当前值保持及累加计时功能，即当计时输入端 IN 断开时，计时值保持；当计时输入端 IN 又接通时，TONR 指令在原来保持的计时值基础上累加计时，直到定时器被复位指令复位，其计时值才会被清零。（　　）

8．如果使用复位指令复位定时器（T），会使相应定时器位复位为 OFF，定时器的当前值变为 0。（　　）

9．打开状态表即意味着自动开始查看状态。（　　）

三、选择题（将正确答案的序号填入括号中）

1．S7–200 系列 PLC 的 T37 的最大设定值 PT 是（　　）。

A．64　　B．128　　C．256　　D．32 767

2．下列不属于 PLC 定时器定时精度的是（　　）。

A．10 ms　　B．100 ms　　C．1 ms　　D．1 s

3．定时器的地址编号范围为（　　），它们的分辨率和定时范围各不相同，用户应根据所用的 CPU 型号及时基正确选用定时器的编号。

A．T0 ~ T255　　B．T1 ~ T256　　C．T0 ~ T511　　D．T1 ~ T512

4．S7–200 系列 PLC 中定时器 T63 的设定值 PT 为 100，则该定时器的定时时间是（　　）。

A．100 ms　　B．1 s　　C．10 s　　D．100 s

5．如果需要定时 30 s，并选择 S7–200 系列 PLC 中的定时器 T101，则该定时器的设定值 PT 应为（　　）。

A．3　　B．30　　C．300　　D．3 000

6．S7–200 系列 PLC 中 T32 是（　　）定时器。

A．1 ms　　B．10 ms　　C．100 ms　　D．1 s

四、简答题

1．TON、TOF、TONR 指令的功能分别是什么？

2．TON 和 TONR 指令的功能有什么区别？

3．简述根据继电器电路设计 PLC 梯形图的方法和步骤。

五、编程题

1．将图 2–3–1 所示梯形图转换为语句表。

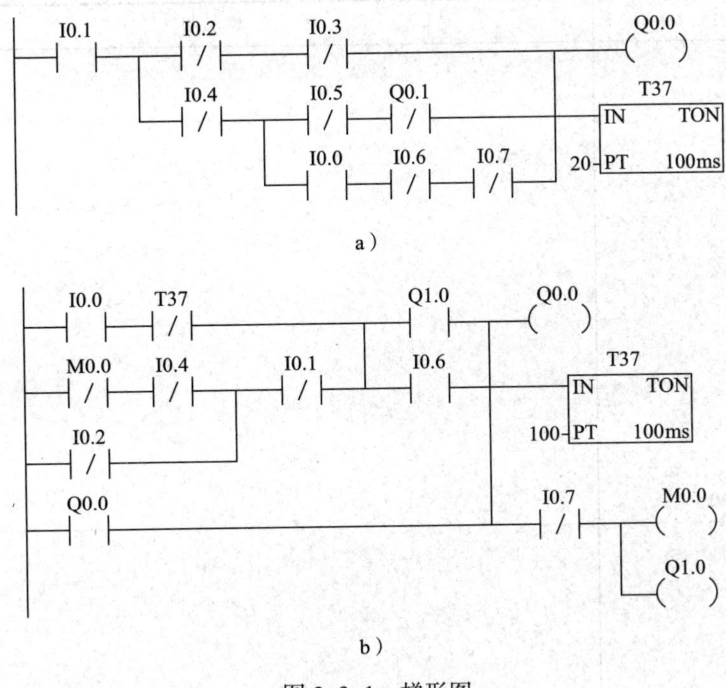

图 2–3–1　梯形图

a）梯形图 1　b）梯形图 2

2．根据表 2-3-1 中的语句表画出梯形图。

表 2-3-1　根据语句表画出梯形图

语句表	梯形图
LD I0.1 AN I0.0 LPS AN I0.2 LPS A I0.4 = Q2.1 LPP A I0.6 R Q0.3,1 LRD A I0.5 = M0.6 LPP AN I0.4 TON T37,30	
LDN I0.0 A I0.1 LD I0.3 AN I0.5 OLD LD I0.2 A I0.4 LDN I0.6 AN I0.7 OLD ALD = Q0.0 LD I0.0 AN T12 TONR T12,150	

3．分析如图 2-3-2a 所示梯形图，并根据给定信号 I0.0 的时序图，画出定时器 T33 的状态位（定时器位）和输出信号 Q0.0 的时序图。

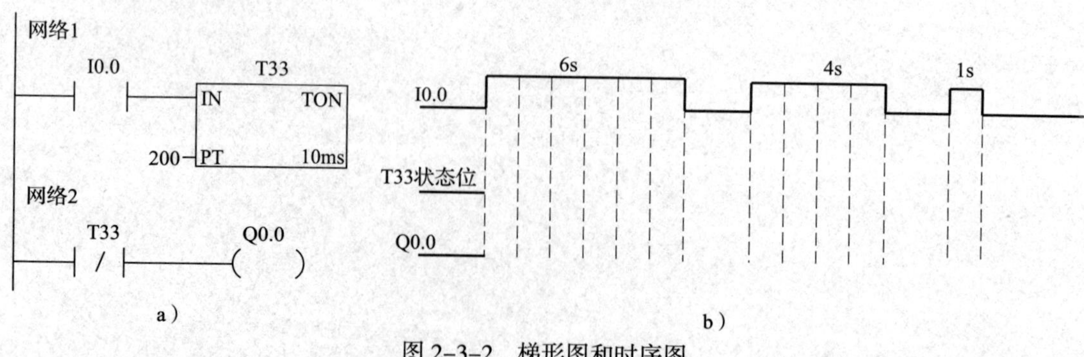

图 2-3-2　梯形图和时序图
a）梯形图　b）时序图

4. 根据图 2-3-3a 所示梯形图画出输出信号的对应时序图。

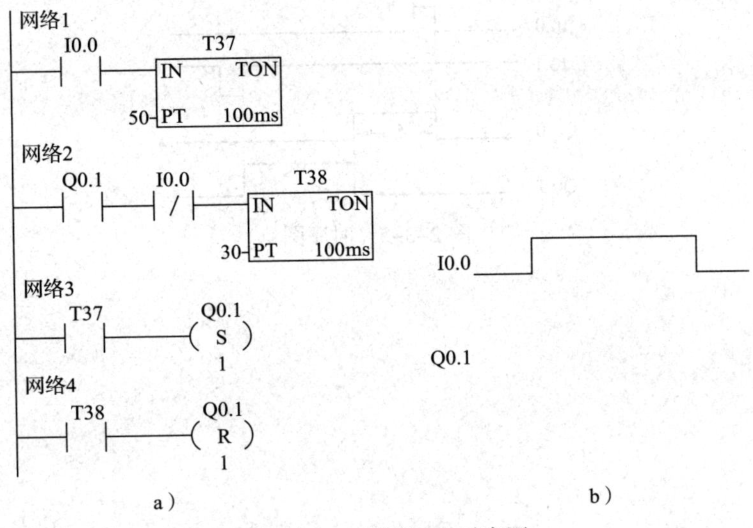

图 2-3-3 梯形图和时序图

a）梯形图 b）时序图

5. 根据图 2-3-4a 所示梯形图画出输出信号的对应时序图。

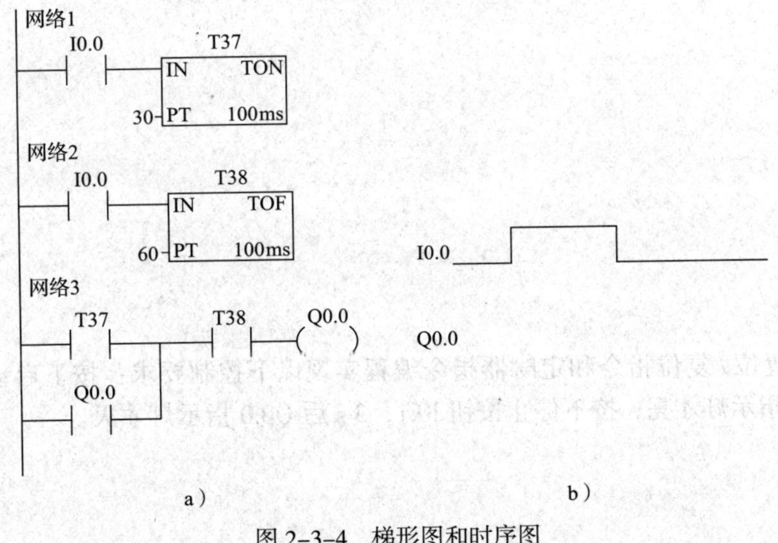

图 2-3-4 梯形图和时序图

a）梯形图 b）时序图

6．设计满足如图 2–3–5 所示时序图的梯形图。

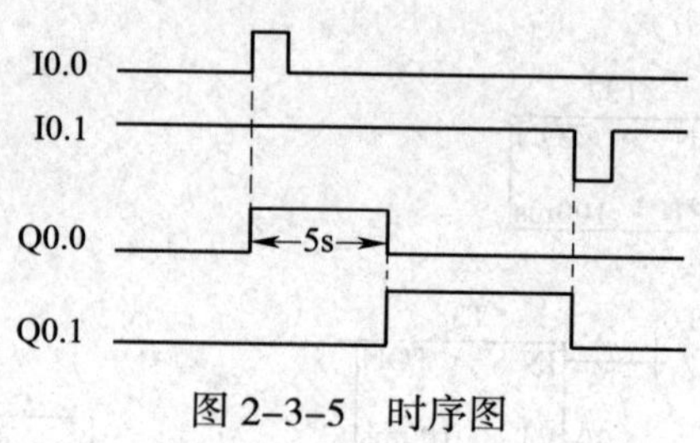

图 2–3–5　时序图

7．分别用启保停电路和置位 / 复位指令编程实现以下控制要求：当 I0.0（接常开按钮）动作时 Q0.0 得电并自锁，5 s 后 Q0.0 失电并解除自锁。

8．用置位 / 复位指令和定时器指令编程实现以下控制要求：按下启动按钮 I0.0，5 s 后 Q0.0 指示灯才亮；按下停止按钮 I0.1，3 s 后 Q0.0 指示灯才灭。

9．用 PLC 控制一盏灯，当按下启动按钮 SB1 后，灯亮 3 s，灭 2 s，并以此规律循环亮灭；当按下停止按钮 SB2 后，灯熄灭，停止循环。设计实现上述控制要求的梯形图。

10．如图 2–3–6 所示为一台三相异步电动机启动的工作时序图，画出其对应梯形图。

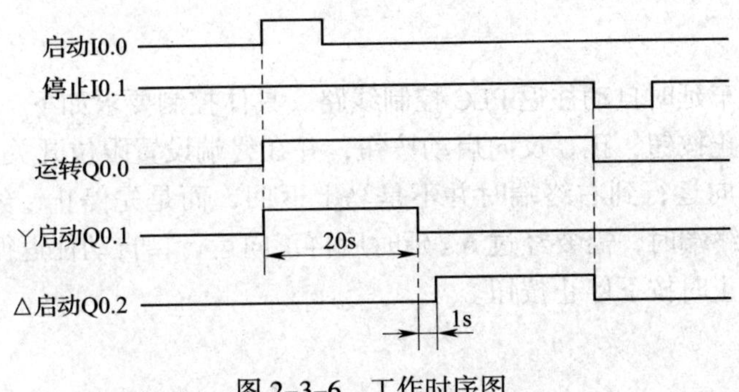

图 2–3–6　工作时序图

11．用 PLC 的置位 / 复位指令实现彩灯的自动控制。控制要求为：按下启动按钮，第一组花样绿灯亮，10 s 后第二组花样蓝灯亮，20 s 后第三组花样红灯亮，30 s 后返回第一组花样绿灯亮，如此循环，并且仅在第三组花样红灯亮后方可停止循环。

12．设计小车延时自动往返 PLC 控制线路。具体控制要求如下：

（1）要有停止按钮，正、反向启动按钮，并在终端设置限位开关。

（2）小车正向运行到右终端时并不是马上返回，而是先停止，经过 5 s 延时后再返回；返回到左终端时，需要经过 6 s 延时后再正向运行，自动往返循环。

（3）需要停止时按下停止按钮。

六、技能题

1. 设计两台三相异步电动机顺序启动、逆序停止的 PLC 控制线路，并进行安装与调试。具体控制要求如下：

（1）按下启动按钮 SB1，电动机 M1 先启动，10 s 后自动启动电动机 M2；停止时，按下停止按钮 SB2，电动机 M2 先停止，延时 8 s 后，电动机 M1 自动停止。

（2）具有短路、过载保护等必要的保护措施。

2. 设计三相异步电动机正反转 PLC 控制线路，并进行安装与调试。具体控制要求如下：

（1）按下启动按钮，KM1 通电，电动机正转 5 s，停止 3 s，再反转；电动机反转 5 s 后，停止 3 s，再正转，如此循环。

（2）任何时候按下停止按钮，电动机都停止并且不再循环运行。

3．将如图 2–3–7 所示传统的继电器控制方式改为 PLC 控制方式，并完成双速电动机 PLC 控制线路的设计、安装和调试。

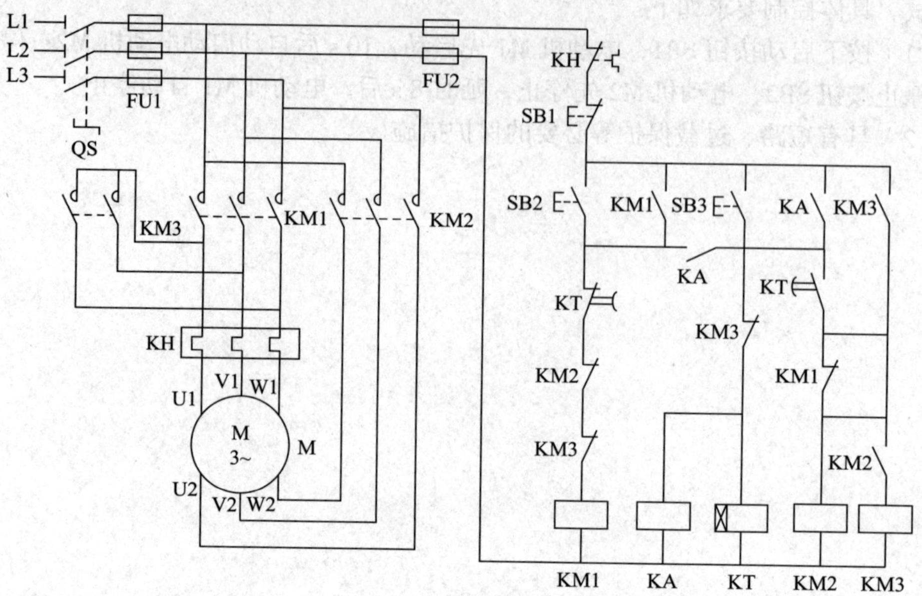

图 2–3–7　双速电动机控制线路

任务 4 声光报警器 PLC 控制

一、填空题（将正确的答案填写在横线上）

1. S7-200 系列 PLC 的边沿检测指令包括____________和____________。

2. 边沿检测指令在梯形图中以触点形式使用，用于检测脉冲的____________或____________，在检测到每一次跳变时让能流接通____________。

3. S7-200 系列 PLC 中上升沿检测指令的语句表形式为________，梯形图形式为________；下降沿检测指令的语句表形式为________，梯形图形式为________。

4. S7-200 系列 PLC 提供了三种类型的计数器，即____________、________和____________。计数器总数为________个，计数器的地址编号范围为____________。

5. 计数器编号是用计数器名称和它的常数编号来表示，即 C×××，它包含__________和__________两方面的变量信息。

6. 如果加计数器 CTU 的复位输入电路（R）________，计数输入电路（CU）由________变为________，则计数器的当前值加 1。当当前值达到设定值（PV）时，其常开触点________，常闭触点________。复位输入电路（R）________时，计数器被复位，复位后其常闭触点________，常开触点________，当前值为________。

二、判断题（正确的在括号内打“√”，错误的在括号内打“×”）

1. 执行 EU 指令后，每检测到一次正跳变，能流接通一个扫描周期。（ ）

2. 当负跳变指令检测到输入信号由 1 变 0 之后，使电路接通一个扫描周期。（ ）

3. 当条件满足时，EU、ED 指令的常开触点只接通一个扫描周期。（ ）

4. EU、ED 指令可以直接与左母线连接。（ ）

5. EU、ED 指令只能接在常开触点（相当于位地址）之后。（ ）

6. EU、ED 指令必须接在常开或常闭触点（相当于位地址）之后。（ ）

7. 计数器是通过累计其计数输入端脉冲电平由高到低变化的次数来计数的。（ ）

8. 在同一个程序中，可以使用两个相同的计数器编号。（ ）

9. 增计数器计数脉冲输入端（CU）上升沿有效，减计数器计数脉冲输入端（CD）下降沿有效。（ ）

10. 在增计数器的输入端 CU 每输入一个脉冲上升沿，增计数器递增计数 1 次，当前值 SV=SV+1。（ ）

11. 在减计数器的输入端 CD 每输入一个脉冲上升沿，减计数器递减计数 1 次，当前值 SV=SV-1。（ ）

12. 只有减计数器具有装载复位输入端（LD）。（ ）

13．增计数器的当前值等于设定值时，计数器位被置位，再来计数脉冲时，会继续计数，直到当前值 SV=32 767（最大值）后才停止计数。（　　）

14．减计数器的当前值等于 0 时计数器位被置位，并停止计数，再来计数脉冲时，计数器保持当前值 SV=0。（　　）

15．减计数器的装载输入端 LD 接通时，计数器复位并把设定值 PV 装入当前值 SV。（　　）

16．增 / 减计数器 CTUD 的计数当前值达到设定值 PV 时，计数器就停止计数。（　　）

17．如果用复位指令复位计数器 C，会使相应计数器位复位为 OFF，计数器的当前值变为 0。（　　）

三、单项选择题（将正确答案的序号填入括号中）

1．图 2-4-1 所示梯形图对应的时序图为（　　）。

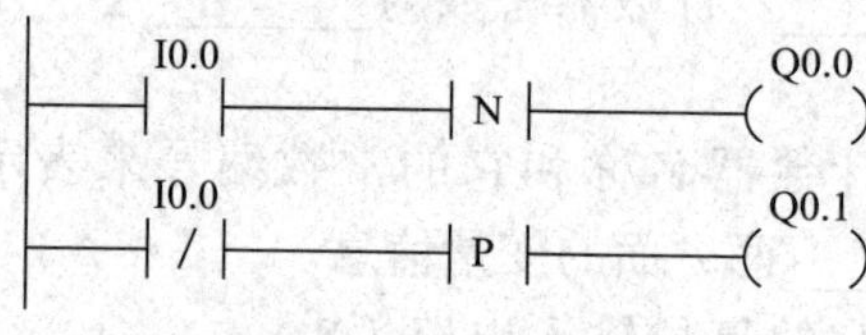

图 2-4-1　梯形图

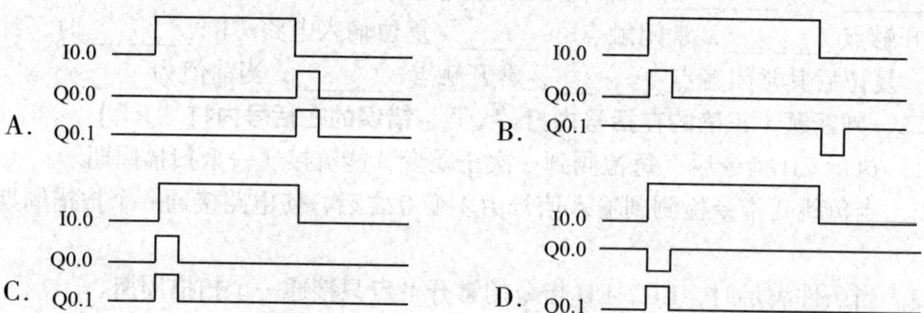

2．在图 2-4-2 所示闪烁电路梯形图中，Q0.0 接报警灯，则报警灯在一个闪烁周期内亮（　　）s。

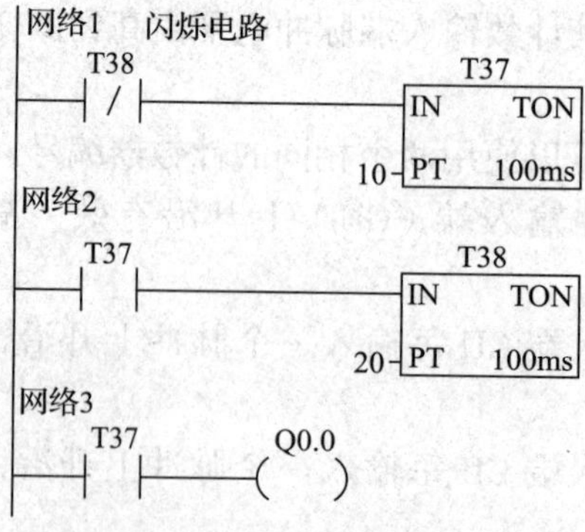

图 2-4-2　闪烁电路梯形图

A. 10　　B. 20　　C. 1　　D. 2

3. 已知输入 I0.0 的信号脉冲的频率是 100 Hz，则执行如图 2-4-3 所示梯形图后 Q1.0 的输出脉冲周期是（　　）ms。

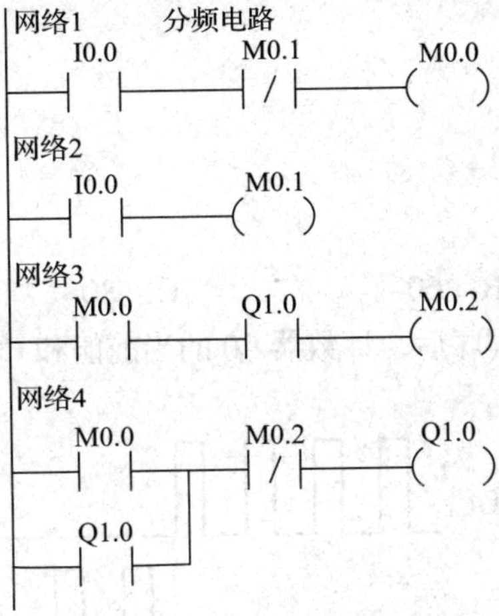

图 2-4-3　分频电路梯形图

A. 10　　B. 20　　C. 100　　D. 5

4. PLC 的计数器是一种（　　）。

A. 硬件实现的计数继电器　　B. 输入模块

C. 定时时钟继电器　　D. 软件实现的计数单元

5. 下列器件中，无法用 PLC 的元件代替的是（　　）。

A. 热保护继电器　　B. 定时器

C. 中间继电器　　D. 计数器

6. 计数器用字母（　　）表示。

A. C　　B. AC　　C. HC　　D. T

7. 增计数器指令是（　　）。

A. CTU　　B. CTUD　　C. CTD　　D. TON

8. 减计数器指令是（　　）。

A. CTU　　B. CTUD　　C. CTD　　D. TON

9. 增 / 减计数器指令是（　　）。

A. CTU　　B. CTUD　　C. CTD　　D. TON

10. 计数器的地址编号范围为（　　）。

A. C0 ~ C255　　B. C1 ~ C256　　C. C0 ~ C511　　D. C1 ~ C512

11. S7-200 系列 PLC 中 C49 的最大设定值是（　　）。

A. 64　　B. 128　　C. 256　　D. 32 767

12. 若 PLC 执行下列程序，则当 I0.0 为 1 后（　　）s，Q0.0 得电。

LD I0.0

AN M0.0

```
TON T37,20
LD T37
= M0.0
LD M0.0
LDN I0.0
CTU C0,60
LD C0
= Q0.0
```

A．20　　B．60　　C．80　　D．120

13．执行图 2–4–4a 所示程序后，计数器 C0 的当前值和 C0 的计数器位分别为（　　）。

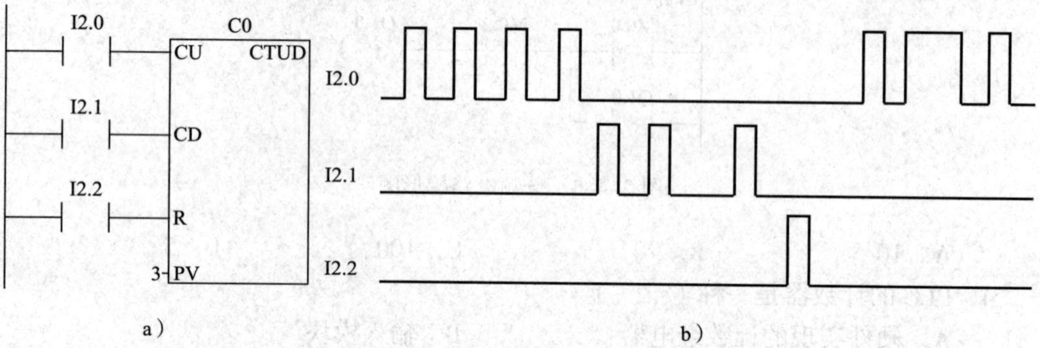

a）

b）

图 2–4–4　梯形图和时序图

a）梯形图　b）时序图

A．7，0　　B．4，1　　C．3，0　　D．3，1

四、多项选择题（将正确答案的序号填入括号中）

1．具有设定值的元件有（　　）。

A．I　　B．Q　　C．M

D．SM　　E．T　　F．C

2．属于定时器指令的有（　　）。

A．TON　　B．TONR　　C．TOF

D．CTU　　E．CTD　　F．CTUD

3．属于计数器指令的有（　　）。

A．TON　　B．TONR　　C．TOF

D．CTU　　E．CTD　　F．CTUD

五、简答题

1．EU、ED 指令的功能分别是什么？

5. 用一个按钮控制一盏灯，按钮接于 PLC 的 I0.0 端口，灯接于 PLC 的 Q0.0 端口。用上升沿检测指令和增计数器编写控制程序实现如下控制功能：当按钮按下三次时灯点亮，再按下按钮两次时灯熄灭，如此重复。

6. 如图 2–4–8 所示产品数量检测示意图中，传送带用于传送工件，传感器用于检测通过的产品数量，且每检测 8 个产品机械手动作一次。机械手动作后，延时 3 s，再将机械手电磁铁切断复位。编写 PLC 控制程序实现上述控制功能。

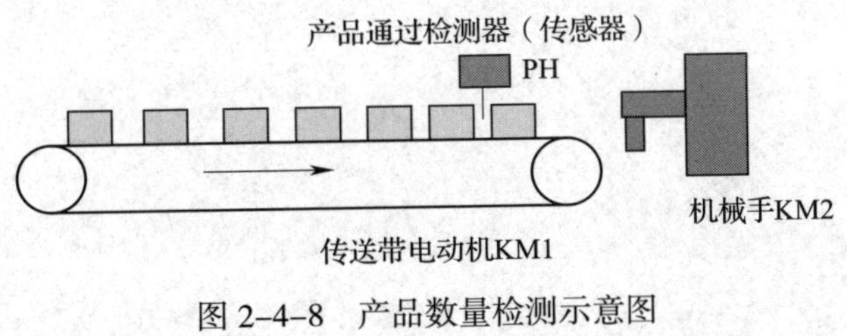

图 2–4–8 产品数量检测示意图

7. 如图 2–4–9 所示为车库自动门控制示意图，编写 PLC 控制程序实现如下控制功能：

（1）当汽车开到门前时，门自动打开；当汽车经过门后，门自动关闭。

（2）当开门开到上限位 I0.3 为 ON 时，门不再打开，开门结束。

（3）当关门关到下限位 I0.2 为 ON 时，门不再关闭，关门结束。

（4）当汽车处在检测范围入口传感器 I0.0 和出口传感器 I0.1 之间时，门将不再关闭。

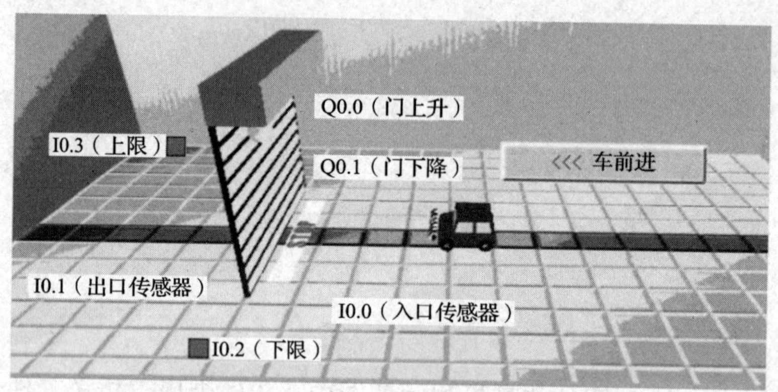

图 2–4–9　车库自动门控制示意图

8. 已知某 PLC 控制程序的语句表，试将其转换为梯形图。

```
LD I0.0
AN T37
TON T37,1000
LD T37
LD Q0.0
CTU C10,360
LD C10
O Q0.0
= Q0.0
```

9. 设计一个计数范围为 0～50 000 的计数器。

10. 用计数器设计控制程序，实现单按钮控制电动机启停。

11. 设计楼梯灯的 PLC 控制程序，控制要求为：只用一个按钮控制楼梯灯，当按一次按钮时，楼梯灯亮 6 min 后自动熄灭；当连续按两次按钮时，灯长亮不灭；当按下按钮的时间超过 2 s 时，灯熄灭。

12. 设计 PLC 控制程序实现如下控制功能：

（1）在按钮 I0.0 按下后 Q0.0 变为 1 状态并自保持（见图 2-4-10）。

（2）在 I0.1 输入 3 个脉冲后（用加计数器 C0 计数），T37 开始定时，6 s 后 Q0.0 变为 0 状态，同时 C0 被复位。

（3）在 PLC 刚开始执行用户程序时，C0 也被复位。

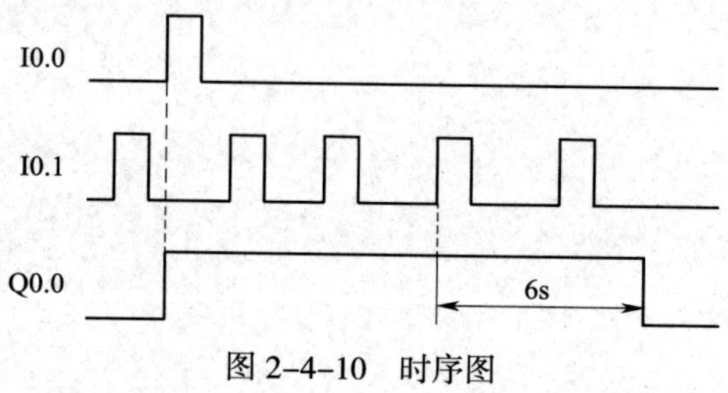

图 2-4-10　时序图

七、技能题

1．设计电动机延时正反转循环计数 PLC 控制程序，并完成 PLC 控制线路的安装和调试。

控制要求如下：

（1）按下启动按钮，KM1 得电，电动机正转；延时 5 s 后，KM1 断电，KM2 得电，电动机反转；再经过 6 s 延时，KM2 断电，KM1 得电，电动机又正转。如此反复 3 次后电动机停止运行。当按下停止按钮时，电动机也停止运行。

（2）具有短路、过载保护等必要的保护措施。

2．设计如图 2-4-11 所示运料小车的 PLC 控制程序，并完成运料小车 PLC 控制线路的安装和调试。

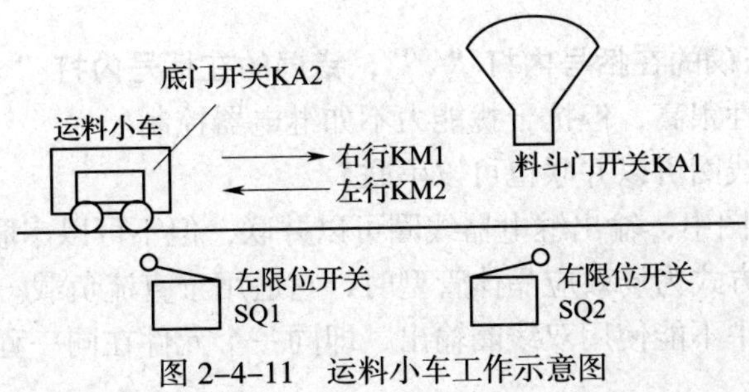

图 2-4-11　运料小车工作示意图

控制要求如下：

（1）小车原位在左终端，当小车压下左限位开关 SQ1 时，按下启动按钮 SB，小车右行前进；当运行至料斗下方时，右限位开关 SQ2 动作，打开料斗门给小车加料；

加料延时 7 s 后关闭料斗门，小车左行后退，回到左终端压下左限位开关时，打开小车底门卸料；卸料 5 s 后结束，完成一次动作，如此循环 3 次后系统自动停止。

（2）具有短路、过载保护等必要的保护措施。

任务 5　花式喷泉 PLC 控制

一、填空题（将正确的答案填写在横线上）

1．输出指令（对应于梯形图中的线圈）不能用于________映像寄存器。

2．特殊辅助继电器 SM0.5 的常开触点提供周期为_____s、占空比为______的脉冲信号。

二、判断题（正确的在括号内打“√”，错误的在括号内打“×”）

1．PLC 的可靠性很高，但抗干扰能力不如继电器控制。（　）

2．PLC 的多个线圈可以并联也可以串联。（　）

3．在 PLC 梯形图中，输出继电器线圈可以并联，但不可以串联。（　）

4．PLC 的输出方式为场效应晶体管型时，它适用于直流负载。（　）

5．在同一程序中不能使用双线圈输出，即同一个元件在同一程序中只能使用一次“=”指令。（　）

6．梯形图中各软元件只有有限个常开触点和常闭触点。（　）

7．如果复位指令的操作数是定时器位（T）或计数器位（C），会使相应定时器位或计数器位复位为 0，并清除定时器或计数器的当前值。（　）

三、简答题

1．什么是经验设计法？

2．简述用经验设计法设计 PLC 控制程序的步骤。

四、编程题

1．用计数器和时钟脉冲设计一个延时 25 min 的延时电路（已知 SM0.4 产生周期为 1 min 的时钟脉冲，占空比为 50%；SM0.5 产生周期为 1 s 的时钟脉冲，占空比为 50%，可任意选用）。

2．用 PLC 设计一个闹钟，每天早上 6：00 闹钟响。

3. 用 PLC 设计一个由两个定时器组成的 1 h 定时器。

4. 用经验设计法设计运货小车的 PLC 控制程序，控制要求如下：

（1）运货小车在限位开关 SQ0 处装料（见图 2-5-1），10 s 后装料结束，开始右行，碰到限位开关 SQ1 后，停下来卸料，15 s 后左行，碰到 SQ0 后，停下来装料，10 s 后又开始右行，碰到限位开关 SQ1 后，继续右行，直到碰到限位开关 SQ2 后停下卸料，15 s 后又开始左行，这样不停地循环工作。

（2）按下停止按钮 SB0，小车停止运行。小车设有右行和左行的启动按钮 SB1 和 SB2。

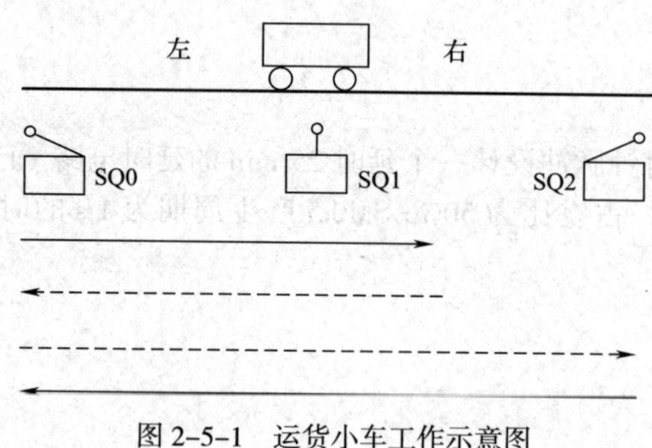

图 2-5-1　运货小车工作示意图

五、技能题

1. 设计图 2–5–2 所示传送带控制装置的 PLC 控制程序，并完成 PLC 控制线路的安装和调试。控制要求如下：

（1）按下启动按钮 SB，如果运货车检测仪 SQ1 检测到运货车，则传送带 KM1 开始传送工件；当件数检测仪 SQ2 检测到三个工件时，传送带停止传送工件，推板机 KM2 启动工作；推板机在 10 s 内推动这三个工件到运货车后，推板机返回，准备下一次传送工件、检测计数及推动工件。只有当下一辆运货车到位，并且按下启动按钮后，传送带和推板机才能重新开始工作。

（2）具有短路、过载保护等必要的保护措施。

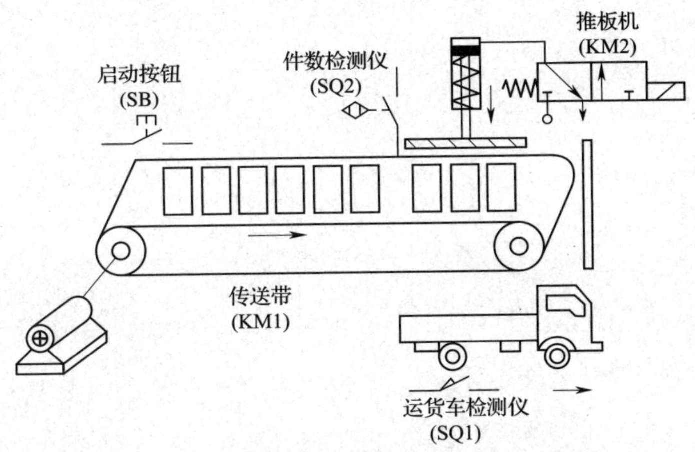

图 2–5–2 传送带控制装置

2．设计三相双速异步电动机低速启动高速运行 PLC 控制程序，并完成控制线路的安装和调试。控制要求如下：

（1）具有手、自动操作方式，自动操作时能实现每天早 8 时启动和晚 23 时停止。

（2）具有运行状态指示和故障报警指示功能。低、高速运行时，指示灯以不同的频率闪烁；当系统故障时，指示灯闪烁报警。

（3）具有短路、过载保护等必要的保护措施。

课题三　顺序控制设计法及顺序控制继电器指令应用

任务 1　液压动力滑台 PLC 控制

一、填空题（将正确的答案填写在横线上）

1. 运用顺序控制设计法设计 PLC 顺序控制梯形图程序，主要有__________、__________、__________、__________四个步骤。

2. 顺序功能图主要由________、________、________、________和________组成。

3. 在顺序功能图中，步是根据________的状态变化来划分的，用编程元件________表示步，用________表示初始步。

4. 步处于活动状态时，相应的动作________；步处于不活动状态时，相应的非存储型动作________。

5. 转换的实现必须同时满足两个条件：一是________________；二是________________。

6. 某一转换实现时，该转换的后续步变为________步，前级步变为________步。

7. 顺序功能图的基本结构形式有__________、__________和__________三种。

8. 单序列结构形式没有________，它由一系列按顺序排列、相继激活的步组成。每一步的后面只有一个________，每一个________后面只有一步。

9. 目前常用的顺序控制梯形图的编程方法有________________、________________和________________三种。

10. 在步进逻辑公式 $M_i=(M_{i-1}\cdot I_i+M_i)\cdot\overline{M_{i+1}}$ 中，M_i 在等号的左端出现表示____________，M_i 在等号的右端出现表示________________。

二、判断题（正确的在括号内打"√"，错误的在括号内打"×"）

1. 在任何一步之内，各输出量的 ON/OFF 状态不变，但是相邻两步输出量的状态是不同的。（　　）

2. 转换条件可以是外部的输入信号，也可以是可编程序控制器内部产生的信号。（　　）

3．在顺序功能图中，步的动作“= Q0.0”是存储型动作。（ ）

4．在顺序功能图中，步的动作“R Q0.0,1”是非存储型动作。（ ）

5．两个步绝对不能直接相连，必须用转换将它们隔开。（ ）

6．转换与转换之间不能直接相连，必须用步将它们隔开。（ ）

7．单序列结构形式没有分支，其每一步的后面只有一个转换，每一个转换后面只有一步。（ ）

8．选择序列结构形式有分支，当转换条件满足时有两个或两个以上的步同时激活。（ ）

9．并行序列结构形式有分支，在当前步执行完时有两个或两个以上的步可转移。（ ）

10．在顺序功能图中使用启保停电路编程时，在不出现双线圈的情况下，可以将输出继电器 Q 的线圈直接与对应的步元件辅助继电器线圈并联。（ ）

三、选择题（将正确答案的序号填入括号中）

1．顺序功能图中不包括的组成部分是（ ）。

A．步　B．有向连线　C．转换　D．线圈

2．在顺序功能图中，步是根据（ ）的状态变化来划分的。

A．输入量　B．输出量

C．输入量和输出量　D．辅助继电器

3．步进逻辑公式$M_i=(M_{i-1}\cdot I_i+M_i)\cdot\overline{M_{i+1}}$中，左边的$M_i$表示（ ）。

A．触点　B．常开触点　C．常闭触点　D．线圈

4．步进逻辑公式$M_i=(M_{i-1}\cdot I_i+M_i)\cdot\overline{M_{i+1}}$中，右边的$M_i$表示（ ）。

A．触点　B．常开触点　C．常闭触点　D．线圈

四、简答题

1．什么是顺序控制？什么是顺序控制系统？什么是顺序控制设计法？

2．简述运用顺序控制设计法设计 PLC 顺序控制梯形图程序的步骤。

3．简述顺序控制设计法与经验设计法的区别。

4．简述单序列结构顺序功能图的特点。

5．什么是步进逻辑公式法？简述用步进逻辑公式法设计顺序控制梯形图程序的步骤。

五、编程题

1．根据表 3–1–1 中逻辑代数方程式画出对应的梯形图。

表 3–1–1 **根据逻辑代数方程式画出梯形图**

逻辑代数方程式	梯形图
Q0. 0 = (I0. 0 + Q0. 0) · I0. 1 · I0. 2	
$M0.1 = (M0.0 \cdot I0.3 + I0.1 + M0.1) \cdot \overline{M0.2} \cdot \overline{I0.0}$	

2．根据表 3–1–2 中的梯形图写出对应的逻辑代数方程式。

表 3–1–2 **根据梯形图写出逻辑代数方程式**

梯形图	逻辑代数方程式
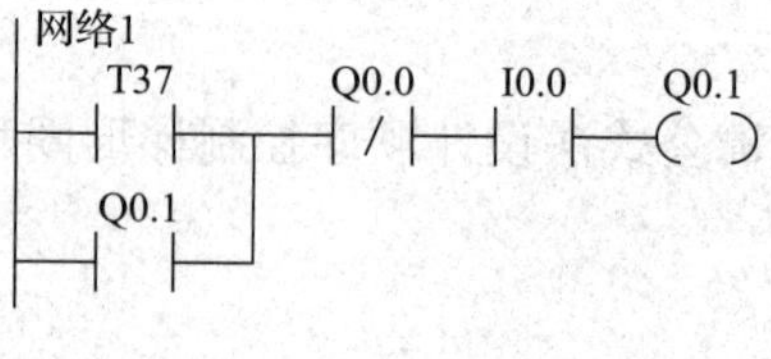 网络1 T37 Q0.0 I0.0 Q0.1 Q0.1	
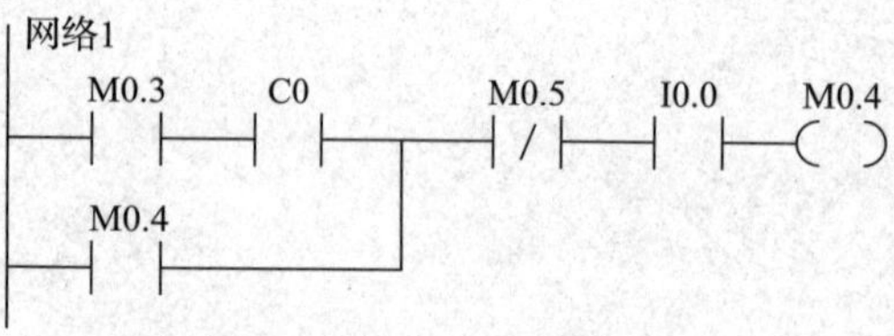 网络1 M0.3 C0 M0.5 I0.0 M0.4 M0.4	

3. 使用启保停电路的编程方法画出如图 3-1-1 所示顺序功能图的梯形图。

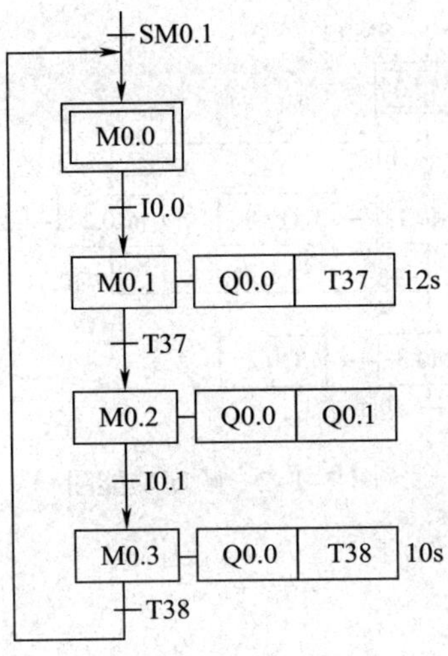

图 3-1-1 顺序功能图

4．使用启保停电路的编程方法画出如图 3–1–2 所示顺序功能图的梯形图。

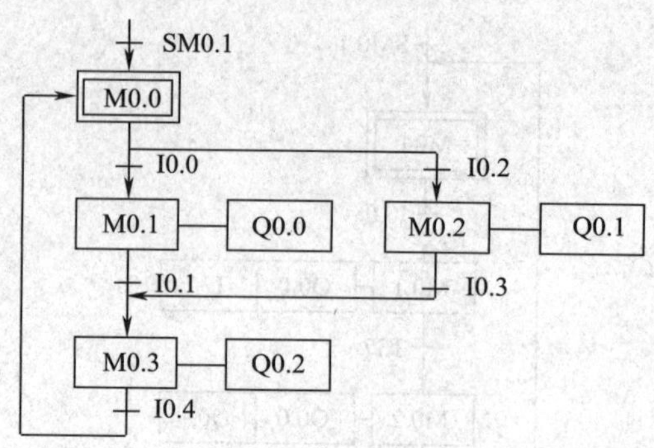

图 3–1–2　顺序功能图

5．使用启保停电路的编程方法画出如图 3–1–3 所示顺序功能图的梯形图。

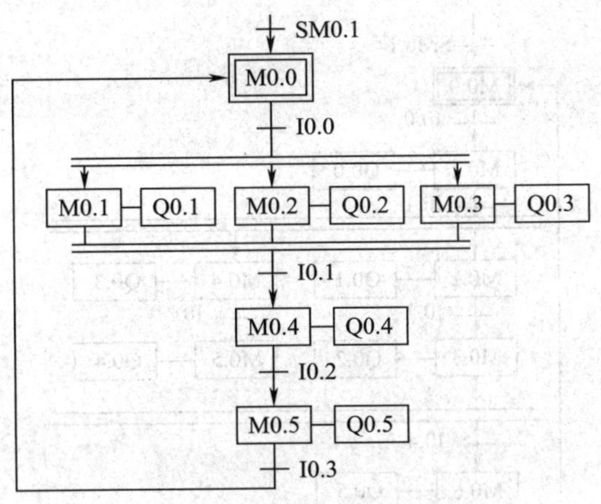

图 3–1–3　顺序功能图

6．使用启保停电路的编程方法画出如图 3-1-4 所示顺序功能图的梯形图。

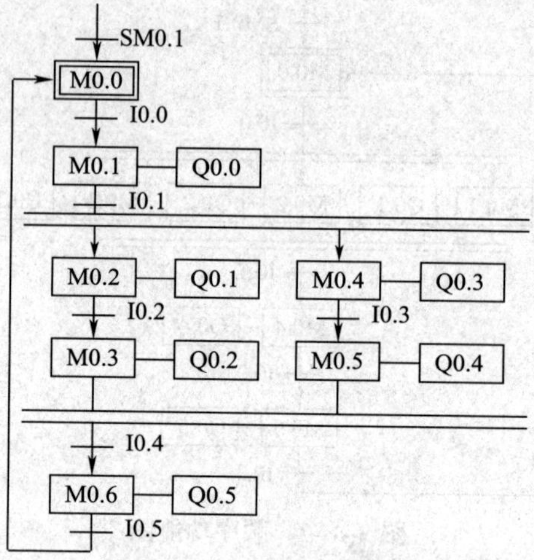

图 3-1-4　顺序功能图

六、技能题

1．设计图 3–1–5 所示送料小车三地自动往返循环控制的 PLC 程序。控制要求如下：

（1）小车的初始位置在原料库，当按下正转启动按钮时，小车开始装料，5 s 后送料小车载着加工原料前往加工车间，途中经过成品库撞压行程开关 SQ3，但送料小车不停车，直到到达加工车间撞压行程开关 SQ2 后，送料小车停下自动卸料并装上成品，5 s 后送料小车返回；当送料小车返回到成品库时，撞压行程开关 SQ3，小车停下将成品卸下，5 s 后空车返回加工车间，到达加工车间撞压行程开关 SQ2 后，送料小车停下将废品装车，5 s 后装上废品的送料小车返回原料库；在返回途中经过成品库，撞压行程开关 SQ3，但送料小车不停车，直到到达原料库撞压行程开关 SQ1 后，送料小车停下自动卸下废品，并装上原料，5 s 后送料小车继续下一个循环进行送料……按下停止按钮，小车立即停止。反转启动按钮用于送料小车返回初始位置。

（2）具有短路、过载保护等必要的保护措施。

要求运用顺序控制设计法，并使用启保停电路的编程方法，完成运料小车三地自动往返循环 PLC 控制系统的设计、安装和调试。

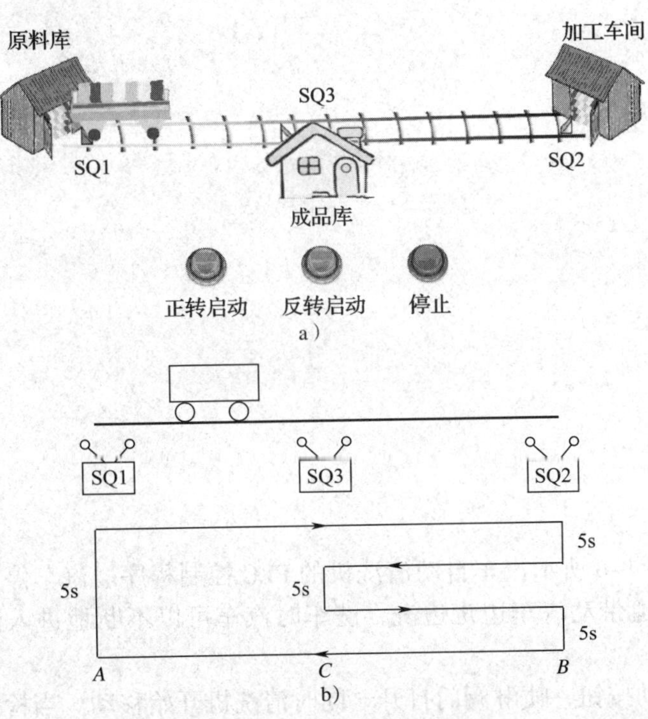

图 3–1–5 送料小车三地自动往返循环控制工作示意图

2. 设计图 3–1–6 所示汽车自动清洗机的 PLC 控制程序。汽车停在清洗机的输送轨道上，输送轨道带动汽车边走边洗，洗车时汽车可以不断地进入洗车。控制要求如下：

（1）按下启动按钮，喷淋阀门打开，同时清洗机开始移动。当检测到汽车到达刷洗位置时，启动旋转刷，刷洗汽车。当检测到汽车离开清洗机时，清洗机停止移动，旋转刷停止旋转，喷淋阀门关闭。按下停止按钮时，汽车清洗机在任何时候都可以停止所有的动作。

（2）具有短路、过载保护等必要的保护措施。

要求运用顺序控制设计法，并使用启保停电路的编程方法设计汽车自动清洗机 PLC 控制程序，并完成 PLC 控制线路的安装和调试。

图 3-1-6 汽车自动清洗机工作场景

任务2　气动机械手PLC控制

一、填空题（将正确的答案填写在横线上）

1．以转换为中心的编程方法中，将某转换的所有前级步对应的＿＿＿＿＿＿的常开触点与该转换对应的触点或电路串联，该串联电路即启保停电路中的启动电路，用它作为使所有后续步对应的＿＿＿＿＿＿置位和使所有前级步对应的＿＿＿＿＿＿复位的条件。

2．使用以转换为中心的编程方法时，不能将＿＿＿＿＿＿的线圈直接与置位指令或复位指令并联。

3．与并行序列无关的转换对应的梯形图是非常标准的，每一个控制置位、复位的电路块都由前级步对应的＿＿＿＿＿＿和转换条件对应的触点组成的＿＿＿＿电路、一条＿＿＿＿＿＿指令和一条＿＿＿＿＿＿指令组成。

二、判断题（正确的在括号内打“√”，错误的在括号内打“×”）

1．在以转换为中心的编程方法中，当某转换实现时，要使用置位指令对该转换的前级步对应的辅助继电器位置位。（　　）

2．在以转换为中心的编程方法中，当某转换实现时，要使用复位指令对该转换的后续步对应的辅助继电器位复位。（　　）

3．使用以转换为中心的编程方法时，可以将输出继电器Q的线圈直接与置位指令或复位指令并联。（　　）

4．使用以转换为中心的编程方法时，可以将定时器T的线圈直接与置位指令或复位指令并联。（　　）

5．使用以转换为中心的编程方法时，可以将计数器C的线圈直接与置位指令或复位指令并联。（　　）

三、选择题（将正确答案的序号填入括号中）

1．如图3-2-1所示顺序功能图中，步M0.2→步M0.3的进展，用以转换为中心的编程方法编程表示为（　　）。

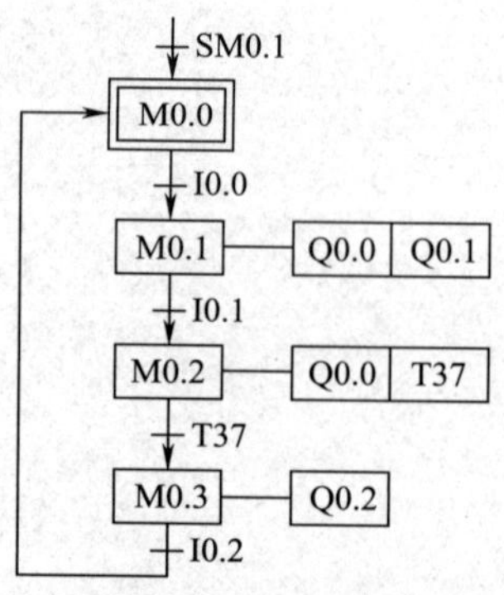

图3-2-1　顺序功能图

A. M0.0 I0.0 M0.1 S 1 M0.0 R 1

B. M0.2 T37 M0.3 S 1 M0.2 R 1

C. M0.2 I0.1 M0.3 S 1 M0.2 R 1

D. M0.1 T37 M0.2 S 1 M0.1 R 1

2．如图 3-2-2 所示顺序功能图中，步 M0.0→步 M0.2 的进展，用以转换为中心的编程方法编程表示为（　　）。

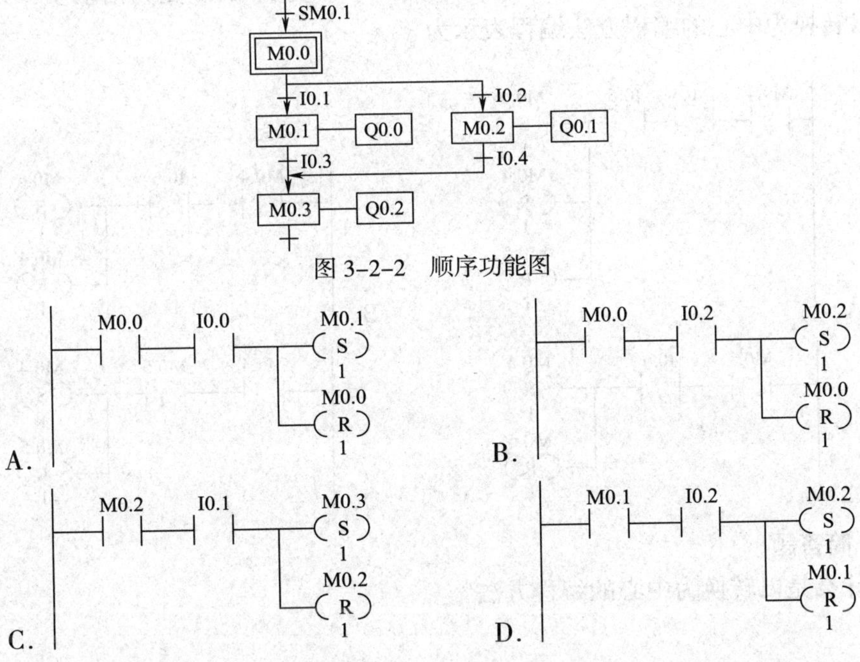

图 3-2-2　顺序功能图

3．如图 3-2-3 所示顺序功能图中，步 M0.1 为活动步且 I0.2=1，则发生的进展用以转换为中心的编程方法编程表示为（　　）。

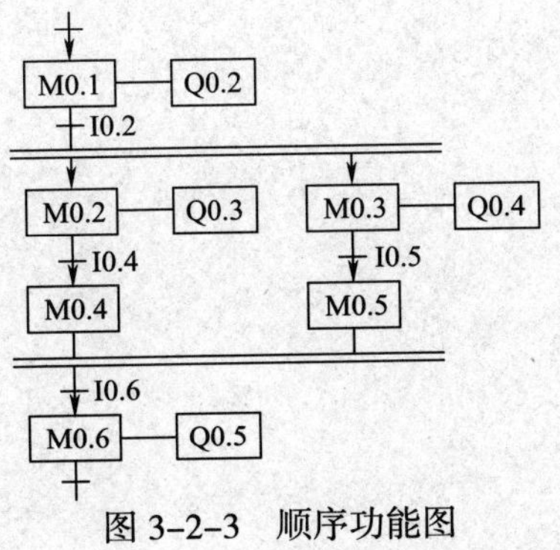

图 3-2-3　顺序功能图

A. M0.1 I0.2 M0.2 (S) 1 M0.1 (R) 1

B. M0.1 I0.2 M0.3 (S) 1 M0.1 (R) 1

C. M0.1 I0.2 M0.2 (S) 1 M0.3 (S) 1

D. M0.1 I0.2 M0.2 (S) 1 M0.3 (S) 1 M0.1 (R) 1

4．如图 3–2–3 所示顺序功能图中，如果 I0.6=1 使步 M0.6 变为活动步，则发生的进展用以转换为中心的编程方法编程表示为（　　）。

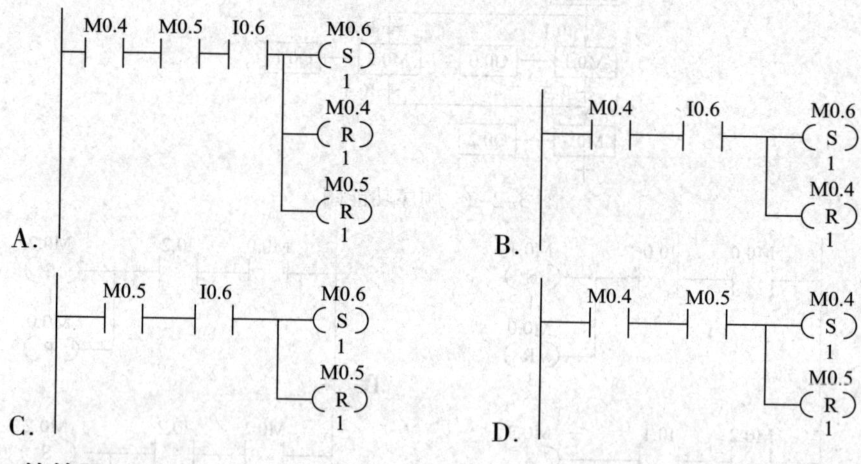

四、简答题

1．什么是以转换为中心的编程方法？

2. 使用以转换为中心的编程方法时应注意哪些事项?

3. 简述使用启保停电路的编程方法和使用以转换为中心的编程方法在处理输出继电器上的区别。

五、编程题

1. 使用以转换为中心的编程方法画出如图 3-2-4 所示顺序功能图的梯形图。

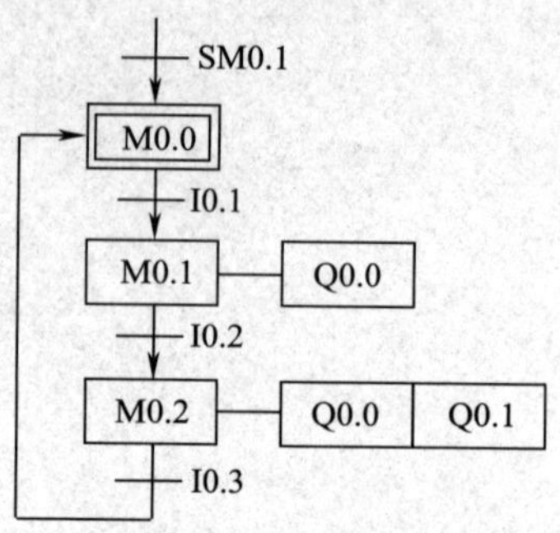

图 3-2-4　顺序功能图

2．使用以转换为中心的编程方法画出如图 3–2–5 所示顺序功能图的梯形图。

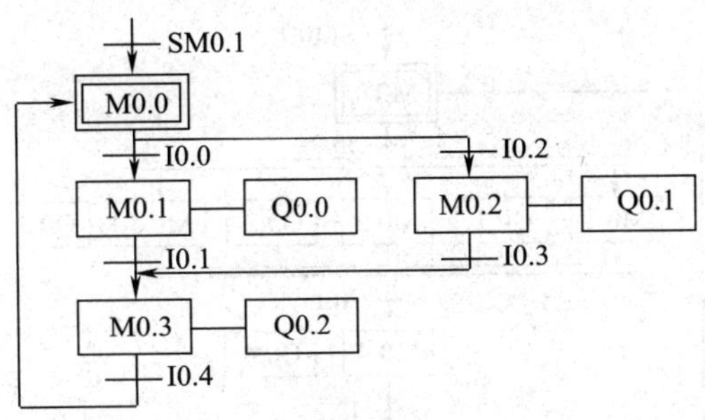

图 3–2–5 顺序功能图

3. 使用以转换为中心的编程方法画出如图 3-2-6 所示顺序功能图的梯形图。

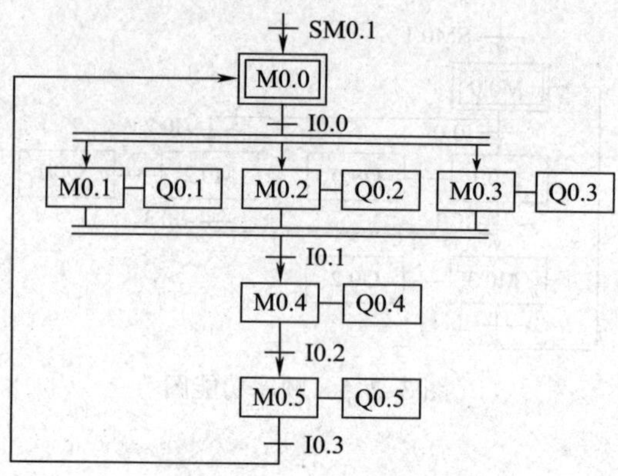

图 3-2-6 顺序功能图

4．使用以转换为中心的编程方法画出如图 3–2–7 所示顺序功能图的梯形图。

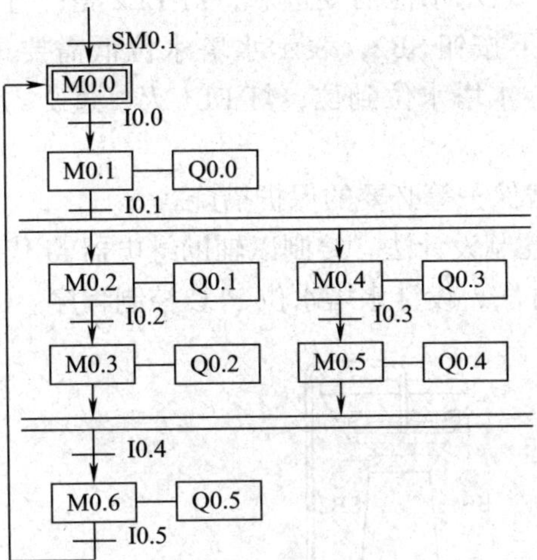

图 3–2–7 顺序功能图

5. 如图 3-2-8 所示为水塔水位的模拟控制示意图。其控制要求如下：

（1）按下按钮 SB4，表示水池需要进水，灯 EL2 亮；直到按下按钮 SB3，水池水位到位，灯 EL2 灭；按下按钮 SB2，表示水塔水位低需要进水，灯 EL1 亮，进行抽水；直到按下按钮 SB1，水塔水位到位，灯 EL1 灭；过 2 s 后，水塔放完水后重复上述过程。

（2）具有短路、过载保护等必要的保护措施。

要求运用 PLC 顺序控制设计法，绘制以辅助继电器 M 代表步的顺序功能图，并采用以转换为中心的编程方法，设计水塔水位 PLC 控制程序。

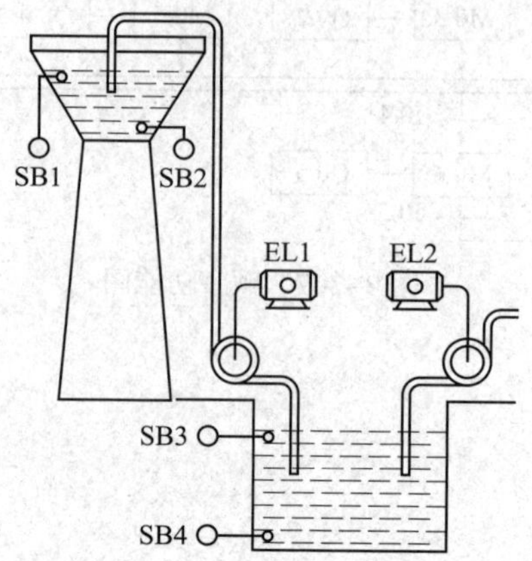

图 3-2-8　水塔水位的模拟控制示意图

六、技能题

1．某彩灯工作系统的时序图如图 3–2–9 所示。按下启动按钮，红、黄、绿 3 种颜色的彩灯顺序点亮后，再一起熄灭，然后按上述步骤循环工作。试运用顺序控制设计法，采用以转换为中心的编程方法设计梯形图程序，并完成 PLC 控制线路的安装与调试。

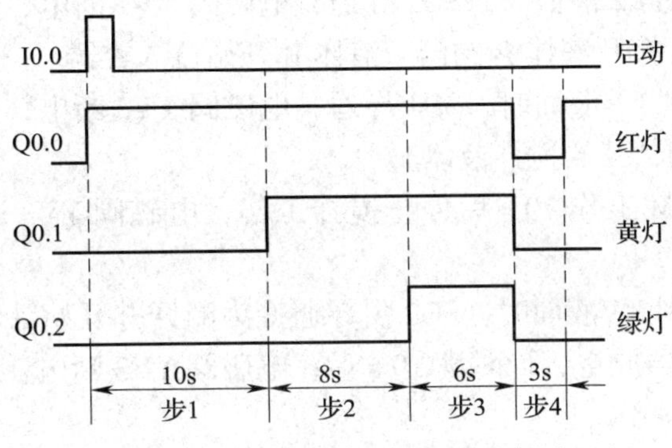

图 3–2–9　彩灯工作系统的时序图

2. 如图 3-2-10 所示为某多种液体自动混合机的工作示意图。其控制要求如下：

（1）初始状态。多种液体自动混合机投入运行时，液体 A、B 的阀门关闭，容器为放空关闭状态。

（2）周期工作。按下启动按钮 SB1，多种液体自动混合机开始按如下顺序工作：

1）电磁阀 YV1 通电，液体 A 阀门打开，液体 A 流入容器，液位上升。

2）当液位上升到 L2 液面时，SQ2 导通，电磁阀 YV1 断电，关闭液体 A 阀门，同时电磁阀 YV2 通电，打开液体 B 阀门，液体 B 开始流入容器。

3）当液位上升到 L1 液面时，SQ1 导通，电磁阀 YV2 断电，关闭液体 B 阀门，搅拌电动机 M 通电启动，开始搅拌液体。

4）搅拌电动机 M 工作 20 s 后停止搅拌工作，电磁阀 YV3 通电，混合液阀门打开，放出混合液体。

5）当液位下降到 L3 液面时，SQ3 由导通变为断开并开始计时，多种液体自动混合机继续放液，将容器放空，计时满 10 s 后，电磁阀 YV3 断电，混合液阀门关闭，自动开始下一个周期。

（3）停止工作。当按下停止按钮 SB2 后，多种液体自动混合机在完成当前的工作循环后才停止工作。

（4）具有短路、过载保护等必要的保护措施。

试运用 PLC 顺序控制设计法，绘制以辅助继电器 M 代表步的顺序功能图，采用以转换为中心的编程方法，设计多种液体自动混合机 PLC 控制系统，并完成模拟安装与调试。

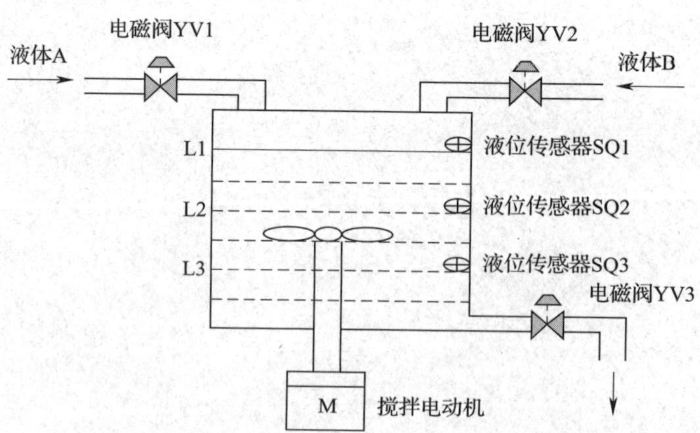

图 3-2-10　某多种液体自动混合机的工作示意图

3．某全自动洗衣机洗衣过程的控制要求如下：

（1）洗衣机接通电源后，按下启动按钮，进水阀打开，进水指示灯亮。

（2）当水位达到上限位时，进水指令灯灭，搅轮开始正转，进行正向洗涤 40 s；时间到停 2 s 后，再进行反向洗涤 40 s，正反向洗涤需重复 4 次。

（3）洗涤重复 4 次后，再等待 2 s，开始排水，排水指示灯亮，甩干桶开始甩干，甩干指示灯亮。

（4）当水位达到下限位后，排水完成，排水指示灯和甩干指示灯灭。然后又开始进水，进水指示灯亮。

（5）重复（1）~（4）的过程 4 次。

（6）当第 4 次排水达到下限位后，蜂鸣器响 5 s 后停止，整个洗衣过程结束。

（7）洗衣过程中，按下停止按钮可结束洗衣。

（8）手动排水是独立操作的。

试运用 PLC 顺序控制设计法，绘制以辅助继电器 M 代表步的顺序功能图，采用以转换为中心的编程方法，设计全自动洗衣机洗衣过程的 PLC 控制程序，并完成模拟安装与调试。

任务3 多种液体自动混合机PLC控制

一、填空题（将正确的答案填写在横线上）

1. ________________又称状态元件或状态继电器，与________指令配合使用，用于组织设备的顺序操作，以实现顺序控制。

2. 顺序控制继电器S可以按________、________、________或________来存取，在S7-200系列PLC中的编址范围是________________，共________位，采用________进制编号。

3. SCR指令包括________指令、________指令和________指令，SCR指令的操作数只能是________________________。

4. 顺序控制程序被SCR指令划分为________与________指令之间的若干个SCR程序段，一个SCR程序段对应于顺序功能图中的________。

5. 装载顺序控制继电器指令的梯形图形式为________________；顺序控制继电器转换指令的梯形图形式为________________；顺序控制继电器结束指令的梯形图形式为________。

6. 单序列顺序功能图的特点是每一步后面只有一个________，每个转换后面只有________。各步按顺序执行，上一步执行结束后，若转换条件成立，则立即________下一步，同时________上一步。

二、判断题（正确的在括号内打"√"，错误的在括号内打"×"）

1. 顺序控制继电器S可以用于主程序、子程序或中断程序中，而且可以重复使用。（ ）

2. 同一程序中，顺序控制继电器S既可以被SCR指令调用，也可以作为位存储器使用。（ ）

3. SCR指令的操作数只能是顺序控制继电器S。（ ）

4. 可以在SCR程序段中使用跳转指令，但相应的标号指令也必须在同一个SCR程序段中。（ ）

5. 不能在SCR程序段中使用JMP/LBL指令，即不允许用跳转的方法跳入或跳出SCR程序段。（ ）

6. 可以在SCR程序段中使用FOR/NEXT指令。（ ）

7. 可以在主程序和子程序中同时使用相同的顺序控制继电器S位。（ ）

8. 紧急停止是指在执行完当前运行周期后停止。（ ）

9. 单周期工作方式是指在初始状态按下启动按钮，从初始步开始，完成顺序功能图中一个周期的工作后，返回并停留在初始步。（ ）

10. 连续工作方式是指在初始状态按下启动按钮，从初始步开始，系统工作一个周期后又开始下一个周期的工作，如果没有按停止按钮，系统将这样反复连续地工作。（ ）

11．在采用连续工作方式的顺序控制系统中，按下停止按钮，并不马上停止工作，要等到完成最后一个周期的工作后，系统才返回并停留在初始步。（ ）

三、选择题（将正确答案的序号填入括号中）

1．下列元件中，属于S7-200系列PLC状态元件的是（ ）。

A．M0.2　B．T37　C．C1　D．S1.4

2．SCR指令对（ ）元件有效。

A．I0.3　B．Q1.2　C．S2.0　D．T101

3．顺序控制继电器指令中的操作数所能寻址的寄存器只能是（ ）。

A．M　B．SM　C．T　D．S

4．专门用于编制顺序控制程序的指令是（ ）指令。

A．S/R　B．SCR　C．LPS　D．LPP

5．顺序控制段开始指令的操作码是（ ）。

A．LPS　B．LSCR　C．SCRT　D．SCRE

6．顺序控制段转换指令的操作码是（ ）。

A．LPS　B．LSCR　C．SCRT　D．SCRE

7．顺序控制段结束指令的操作码是（ ）。

A．LPS　B．LSCR　C．SCRT　D．SCRE

8．下列指令中，无操作数的指令是（ ）指令。

A．LPS　B．LSCR　C．SCRT　D．SCRE

四、简答题

1．顺序控制继电器S的功能是什么？在使用时应注意哪些事项？

2．SCR指令包含哪几个指令，功能分别是什么？在使用时应注意哪些事项？

3．普通停止和紧急停止的区别是什么？

五、编程题

1．使用 SCR 指令编写实现红、绿灯循环显示的程序（要求循环间隔时间为 1 s）。

2．使用 SCR 指令设计满足如图 3-3-1 所示彩灯工作系统时序图的梯形图程序。

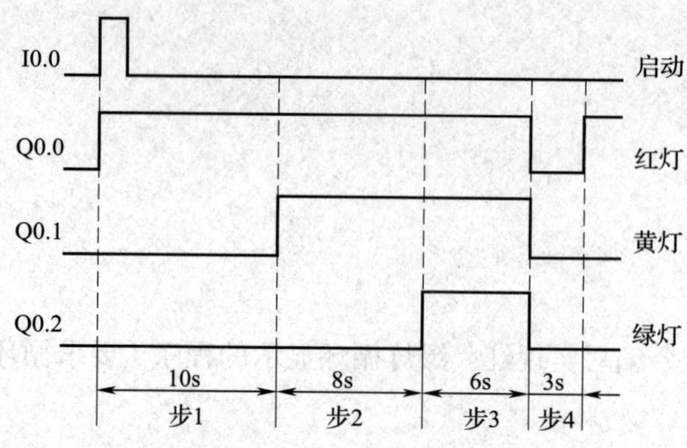

图 3-3-1　彩灯工作系统时序图

3．使用 SCR 指令设计一个居室通风系统控制程序，使三个居室的通风机自动轮流地打开和关闭，轮换时间间隔为 1 h。

4．使用SCR指令设计电动机Y－△降压启动控制程序。具体的控制要求为：当按下启动按钮SB2时，电源接触器KM1和Y联结接触器KM2同时接通，电动机Y联结降压启动；启动延时一定时间后，KM2先自动分断，然后△联结接触器KM3自动接通，电动机△联结全压运转。当按下停止按钮SB1或电动机过载时，KM1、KM2和KM3同时分断，电动机断电停止。

六、技能题

1．如图 3–3–2 所示为小车三地自动往返控制装置的工作示意图。其控制要求为：按下启动按钮 SB，小车电动机正转，小车第一次前进，碰到限位开关 SQ1 后电动机反转，小车后退。当小车后退碰到限位开关 SQ2 后，小车电动机停转，停 10 s 后，小车第二次前进，碰到限位开关 SQ3 后再次后退。小车第二次后退碰到限位开关 SQ2 时，小车停止。

试运用 PLC 顺序控制设计法，使用 SCR 指令设计梯形图程序，并完成 PLC 控制线路的安装和调试。

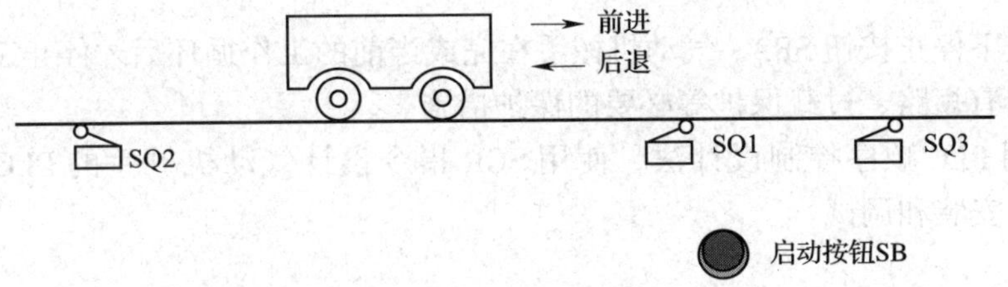

图 3–3–2　小车三地自动往返控制装置的工作示意图

2．如图 3-3-3 所示的气动机械手由 A、B、C 三个气缸组成。其控制要求如下：

（1）按下启动按钮 SB1，气动机械手开始按如下顺序工作：

1）当接近开关 SQ0 检测到有物体时，气缸 A 开始向左运行。

2）到极限位置 SQ2 时，气缸 A 停止向左运行，气缸 B 开始向下运行。

3）到极限位置 SQ4 时，气缸 B 停止向下运行，手指气缸 C 抓住物体，并延时 1 s。

4）延时 1 s 到，气缸 B 开始向上运行。

5）到极限位置 SQ3 时，气缸 A 开始向右运行。

6）到极限位置 SQ1 时，手指气缸 C 释放物体，并延时 1 s，自动开始下一个周期。

（2）按下停止按钮 SB2，气动机械手在完成当前的工作循环后才停止工作。

（3）具有短路、过载保护等必要的保护措施。

试运用 PLC 顺序控制设计法，使用 SCR 指令设计气动机械手的 PLC 控制程序，并完成模拟安装和调试。

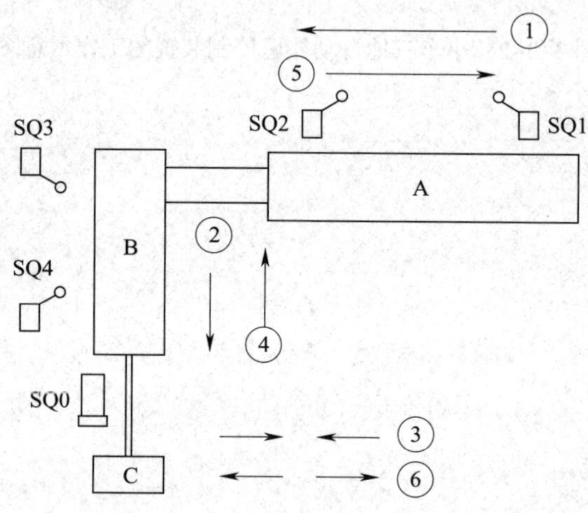

图 3-3-3　气动机械手工作示意图

3．如图 3–3–4 所示的三种液体自动混合装置由液面传感器 SL1、SL2、SL3，三种液体 A、B、C 的注入阀门及排液阀门（电磁阀 YV1、YV2、YV3、YV4），搅拌电动机 M，加热器 H，温度传感器 T 组成。其具体控制要求如下：

（1）按下启动按钮，液体 A 阀门打开，液体 A 流入容器。当液面到达 SL3 时，SL3 接通，关闭液体 A 阀门，打开液体 B 阀门。当液面到达 SL2 时，SL2 接通，关闭液体 B 阀门，打开液体 C 阀门。当液面到达 SL1 时，SL1 接通，关闭液体 C 阀门，搅拌电动机开始搅拌液体，10 s 后停止搅拌，加热器开始加热。当混合液体温度到达设定值时，加热器停止加热，排液阀门打开，开始放出混合液体。当液面下降到 SL3 时，SL3 由接通变为断开，再过 5 s 后，容器放空，排液阀门关闭，自动开始下一周期。按下停止按钮，在当前的混合液操作处理完毕后，停止操作。

（2）具有短路、过载保护等必要的保护措施。

试运用 PLC 顺序控制设计法，使用 SCR 指令设计三种液体自动混合装置的 PLC 控制程序，并完成模拟安装和调试。

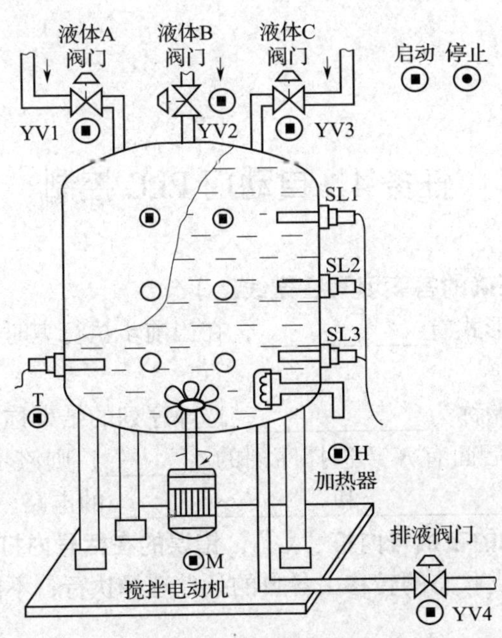

图 3–3–4　三种液体自动混合装置

任务 4　自动门 PLC 控制

一、填空题（将正确的答案填写在横线上）

1．选择序列结构形式有＿＿＿＿＿＿，在当前步执行完时有两个或两个以上的步可＿＿＿＿＿＿。

2．选择序列的开始称为＿＿＿＿＿＿，选择序列的结束称为＿＿＿＿＿＿。

3．如果某一步的后面有 *N* 条选择序列的＿＿＿＿，则该步的 SCR 程序段内应有 *N* 条分别指明各＿＿＿＿＿＿＿和＿＿＿＿＿＿＿的电路。

二、判断题（正确的在括号内打“√”，错误的在括号内打“×”）

1．选择序列各分支状态的转移由各自的条件选择执行，不能同时进行两个或两个以上分支状态的转移。（　　）

2．选择序列分支时是先分支后条件，选择序列合并时是先条件后合并。（　　）

三、选择题（将正确答案的序号填入括号中）

1．选择序列顺序功能图分支开始和合并结束的水平连线都是（　　），且分支开始和合并结束的转换条件都是在水平连线（　　）。

A．单线　　B．双线　　C．之内　　D．之外

2．如图 3–4–1 所示，如果步 5 为活动步且转换条件 h=1，则发生由步 5→步（　　）的进展。

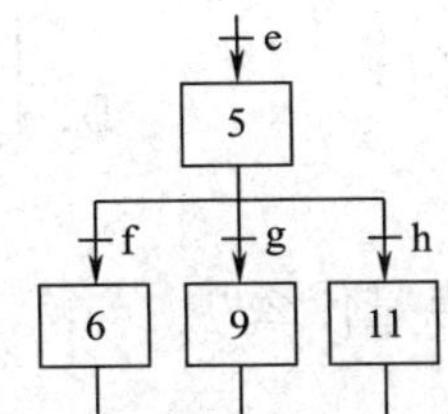

图 3–4–1　选择序列顺序功能图

A．5　　B．6　　C．9　　D．11

3．如图 3–4–2 所示，如果转换条件 n=1，则发生由步（　　）→步 5 的进展。

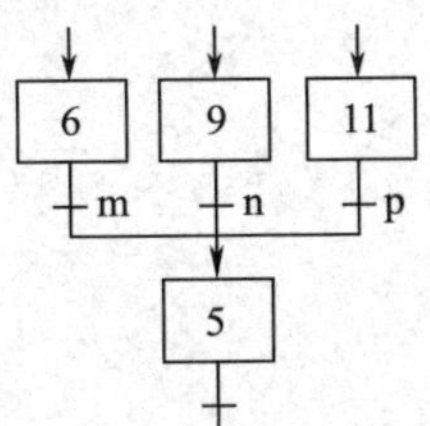

图 3–4–2　选择序列顺序功能图

A．5　　B．6　　C．9　　D．11

4．如图 3–4–3 所示，如果发生由步 S0.0 到步 S0.2 的转换，则开始执行的装载顺序控制继电器指令是（　　）。

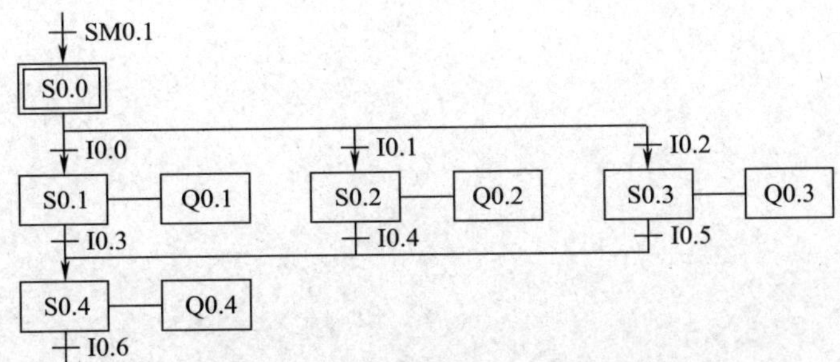

图 3–4–3　选择序列顺序功能图

A．LSCR I0.0　　B．LSCR I0.1　　C．LSCR I0.2　　D．LSCR I0.3

5．如图 3–4–3 所示，如果步 S0.0 为活动步，且转换条件 I0.2 为 1，则发生步的转换用顺序控制继电器转换指令表示为（　　）。

A．SCRT S0.1　　B．SCRT S0.2　　C．SCRT S0.3　　D．SCRT S0.4

6．如图 3-4-3 所示，如果发生了由步 S0.1 到步 S0.4 的转换，则执行的梯形图程序为（　　）。

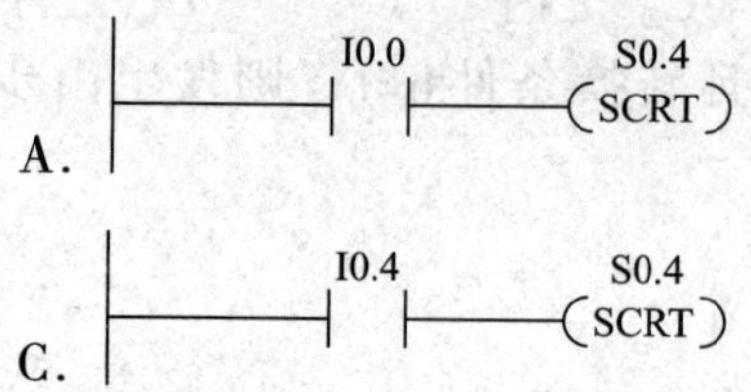

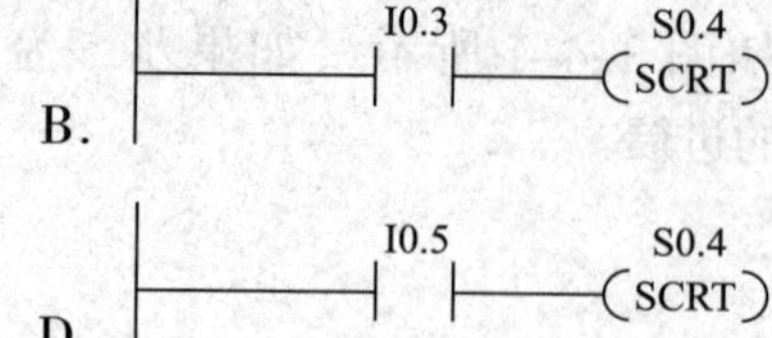

四、简答题

1．选择序列顺序功能图的特点是什么？

2．简述选择序列顺序功能图的编程方法。

五、编程题

1．根据图 3-4-4 所示顺序功能图编写相对应的梯形图。

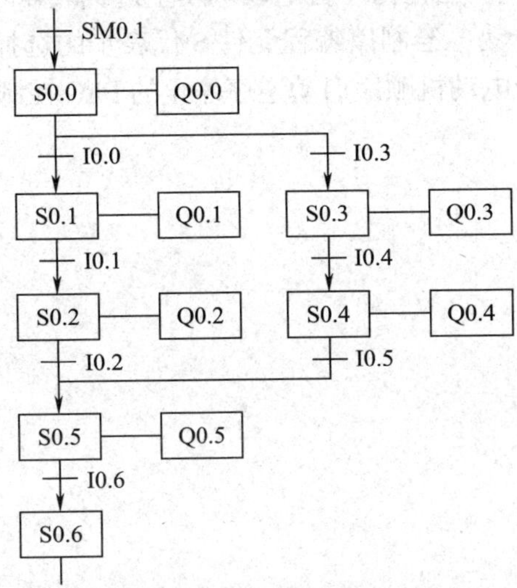

图 3-4-4 顺序功能图

2．三台电动机顺序启动逆序停止的具体控制要求为：按下启动按钮，M1 启动；运行 4 s 后，M2 启动；再运行 5 s 后，M3 启动。按下停止按钮，M3 停止；10 s 后，M2 停止；再过 20 s 后，M1 停止。当任何一台电动机发生过载故障时，三台电动机立即停止。试运用 PLC 顺序控制设计法，绘制以编程元件 S 代表步的选择序列结构的顺序功能图，并使用 SCR 指令设计三台电动机顺序启动逆序停止的 PLC 控制梯形图程序。

六、技能题

1. 某台设备具有手动和自动两种操作方式，SA 是操作方式选择开关，当 SA 断开时，选择手动方式；当 SA 接通时，选择自动方式。不同操作方式的工作过程如下。

（1）手动方式：按启动按钮 SB2，电动机运转；按停止按钮 SB1，电动机停止。

（2）自动方式：按启动按钮 SB2，电动机运转 1 min 后自动停止；按停止按钮 SB1，电动机立即停止。

试运用 PLC 顺序控制设计法，绘制以编程元件 S 代表步的选择序列结构的顺序功能图，并使用 SCR 指令进行梯形图的编程设计。

2. 有一带式运输机装置主要由三条运输带组成，每条运输带分别由各自的电动机驱动，各运输带之间有着密切的关系，其控制要求如下：

（1）带式运输机装置启动运行时，按下启动按钮后，首先启动运输带 3；经过 5 s 的延时，运输带 2 自动启动运行；再经过 5 s 的延时，运输带 1 自动启动运行。

（2）带式运输机装置停止时的过程与启动相反。按下停止按钮后，先停止运输带 1，延时 5 s 后运输带 2 自动停止，再过 5 s 后运输带 3 自动停止。

（3）当带式运输机装置中的任意一条运输带发生故障时，该运输带前面的运输带会立即停止工作，而该运输带后面的运输带必须依次延时 5 s 后再停止运行。例如，运输带 2 发生故障，则运输带 1、运输带 2 立即停止，而运输带 3 在运输带 2 停止运行 5 s 后停止运行。

试运用 PLC 顺序控制设计法，绘制以编程元件 S 代表步的选择序列结构的顺序功能图，并使用 SCR 指令进行梯形图的编程设计。

3．如图 3–4–5 所示为大、小球自动分拣装置的工作示意图。其控制要求如下：

（1）当输送机处于起始位置时，上限位开关 SQ3 和左限位开关 SQ1 被压下，极限开关 SQ 断开。

（2）启动装置后，操作杆下行，直到 SQ 闭合。此时，若碰到的是大球，则 SQ2 仍为断开状态；若碰到的是小球，则 SQ2 为闭合状态。

（3）接通控制吸盘的电磁阀线圈 Q0.1。

（4）若吸盘吸起的是小球，则操作杆上行；当上行碰到 SQ3 后，操作杆开始右行；当右行碰到小球的右限位开关 SQ4 后，操作杆开始下行；当下行碰到 SQ2 后，将小球释放到小球箱里，然后返回到原位。

（5）吸盘吸起大球时操作杆的运行与步骤（4）大致相同，不同之处为操作杆右行碰到大球的右限位开关 SQ5 后，将大球释放到大球箱里，然后返回到原位。

（6）具有短路、过载保护等必要的保护措施。

试运用 PLC 顺序控制设计法，绘制以编程元件 S 代表步的选择序列结构的顺序功能图，并使用 SCR 指令设计大、小球自动分拣装置的 PLC 控制程序。

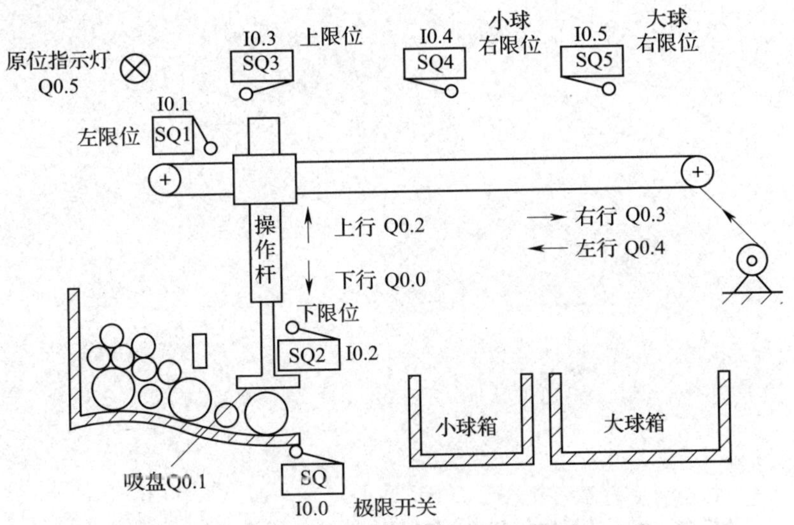

图 3–4–5 大、小球自动分拣装置的工作示意图

任务 5　按钮式人行横道交通灯 PLC 控制

一、填空题（将正确的答案填写在横线上）

1．并行序列也有开始和结束之分，并行序列的开始称为________，并行序列的结束称为__________。

2．并行序列开始的分支水平线用双线表示，转换条件放在双线的________；并行序列合并时的水平线也用双线表示，转换条件放在双线的________。

二、判断题（正确的在括号内打“√”，错误的在括号内打“×”）

1．并行序列顺序功能图的结构形式有分支，在当前步执行完时有两个或两个以上的步可同时转移。（　　）

2．顺序功能图编程时，每一个 SCR 程序段都必须包含 LSCR、SCRT 和 SCRE 这

三个指令，缺一不可。（　　）

三、选择题（将正确答案的序号填入括号中）

1．并行序列顺序功能图分支和合并的水平连线都是（　　），且分支开始和合并结束的转换条件都是在水平连线（　　）。

A．单线　　B．双线　　C．之内　　D．之外

2．并行序列顺序功能图中的（　　）在对应的 PLC 程序中无对应的 SCR 程序段或不使用 SCRT 指令。

A．初始步　　B．活动步　　C．等待步　　D．虚设步

3．在并行序列顺序功能图中，（　　）起到合并各并行分支的作用。

A．初始步　　B．活动步　　C．等待步　　D．虚设步

4．在并行序列顺序功能图中，（　　）无实质性动作，只是在各并行序列的合并处进行选择性切换。

A．初始步　　B．活动步　　C．等待步　　D．虚设步

5．如图 3–5–1 所示，如果步 S0.0 为活动步且转换条件 I0.0=1，则发生由步 S0.0→步（　　）的进展。

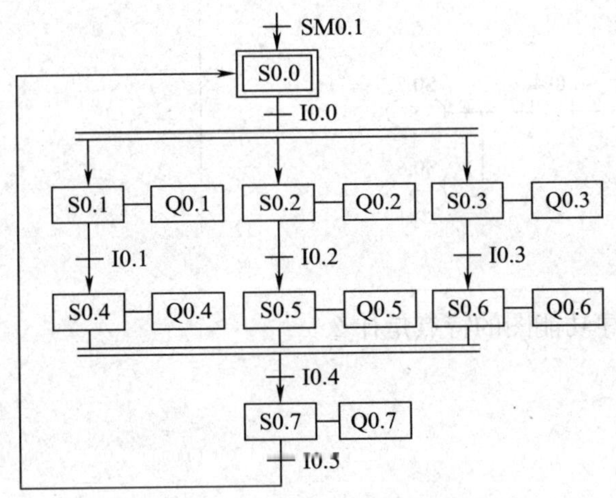

图 3–5–1　并行序列顺序功能图

A．S0.1、S0.2　　B．S0.1、S0.3

C．S0.1、S0.2、S0.3　　D．S0.2、S0.3

6．如图 3–5–1 所示，当步（　　）为活动步且转换条件 I0.4=1 时，步 S0.7 会变为活动步。

A．S0. 4、S0.5　　B．S0.4、S0.5、S0.6

C．S0.4、S0. 6　　D．S0.5、S0.6

7．如图 3–5–1 所示，如果步 S0.0 为活动步且转换条件 I0.0=1，则发生步的转换用梯形图程序表示为（　　）。

A. I0.0 — S0.1 (SCRT); S0.2 (SCRT); S0.3 (SCRT)

B. I0.0 — S0.1 (SCRT)

C. I0.0 — S0.2 (SCRT)

D. I0.0 — S0.3 (SCRT)

8. 在图 3-5-1 中，执行梯形图程序（　　）时将会发生步的转换。

A. S0.4 I0.4 — S0.7 (S) 1; S0.4 (R) 1

B. S0.5 I0.4 — S0.7 (S) 1; S0.5 (R) 1

C. S0.6 I0.4 — S0.7 (S) 1; S0.6 (R) 1

D. S0.4 S0.5 S0.6 I0.4 — S0.7 (S) 1; S0.4 (R) 1; S0.5 (R) 1; S0.6 (R) 1

四、简答题

1. 并行序列顺序功能图的特点是什么？

2．简述并行序列顺序功能图的编程方法。

3．选择序列顺序功能图和并行序列顺序功能图的主要区别是什么？

五、编程题

1．根据图 3-5-2 所示顺序功能图编写相对应的梯形图。

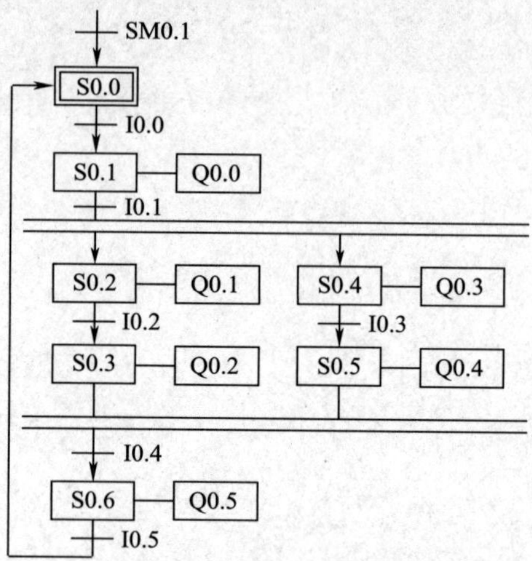

图 3-5-2　顺序功能图

2．如图 3-5-3 所示专用钻床可用来加工圆盘状零件上均匀分布的 6 个孔。其控制要求如下：

（1）开始自动运行时，两个钻头在最上面的位置，限位开关 I0.3 和 I0.5 为 ON。

（2）操作人员放好工件后，按下启动按钮 I0.0，Q0.0 变为 ON，工件被夹紧，夹紧后压力继电器 I0.1 为 ON，Q0.1 和 Q0.3 使两个钻头同时开始工作，分别钻到由限位开关 I0.2 和 I0.4 设定的深度时，Q0.2 和 Q0.4 使两个钻头分别上行，升到由限位开关 I0.3 和 I0.5 设定的起始位置时，分别停止上行，设定值为 3 的计数器 C0 的当前值加 1。两个钻头都上升到位后，若没有钻完 3 个孔，C0 的常闭触点闭合，Q0.5 使工件旋转 120°，旋转到位时限位开关 I0.6 为 ON，旋转结束后又开始钻第 2 对孔。3 对孔都钻完后，计数器的当前值等于设定值 3，C0 的常开触点闭合，Q0.6 使工件松开，松开到位时，限位开关 I0.7 为 ON，系统返回到初始状态。

试根据以上控制要求设计该专用钻床控制系统的顺序功能图和梯形图。

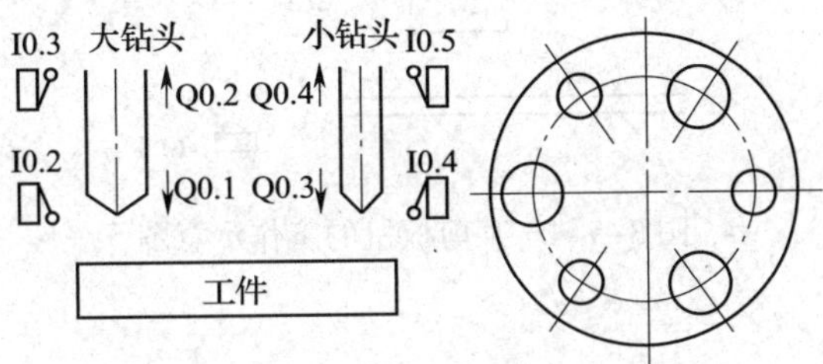

图 3-5-3　某专用钻床结构示意图

3. 如图 3-5-4 所示为某剪板机的工作示意图。其控制要求如下：

（1）开始时压钳和剪刀在上限位置，限位开关 I0.0 和 I0.1 为 ON。

（2）按下启动按钮 I1.0，板料右行（Q0.0 为 ON）至限位开关 I0.3，然后压钳下行（Q0.1 为 ON），压紧板料后，压力继电器 I0.4 为 ON，压钳保持压紧，剪刀开始下行（Q0.2 为 ON）。剪断板料后，I0.2 变为 ON，压钳和剪刀同时上行（Q0.3 和 Q0.4 为 ON，Q0.2 为 OFF），它们分别碰到限位开关 I0.0 和 I0.1 后，停止上行。都停止后，又开始下一周期的工作，剪完三块料后停止工作，并停在初始状态。

试根据以上控制要求设计该剪板机控制系统的顺序功能图和梯形图。

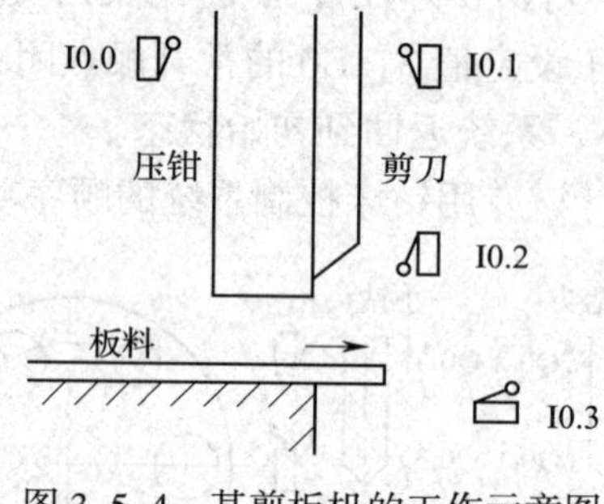

图 3-5-4　某剪板机的工作示意图

六、技能题

如图 3–5–5 所示为十字路口交通灯示意图，其时序图如图 3–5–6 所示。具体控制要求如下：

1. 设置一个启动按钮 SB1 和一个停止按钮 SB2。当按下启动按钮 SB1 后，十字路口交通灯控制系统开始工作，首先东西向绿灯亮，南北向红灯亮。然后南北向绿灯亮，东西向红灯亮，如此循环下去。按下停止按钮 SB2 后，信号控制系统停止，所有信号灯灭。

2. 具有短路、过载保护等必要的保护措施。

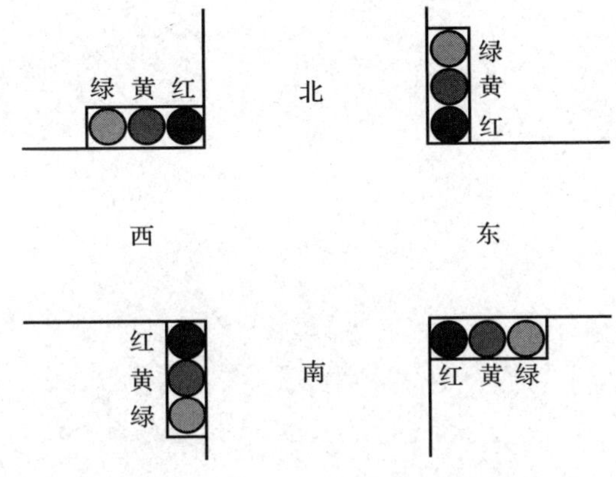

图 3–5–5 十字路口交通灯示意图

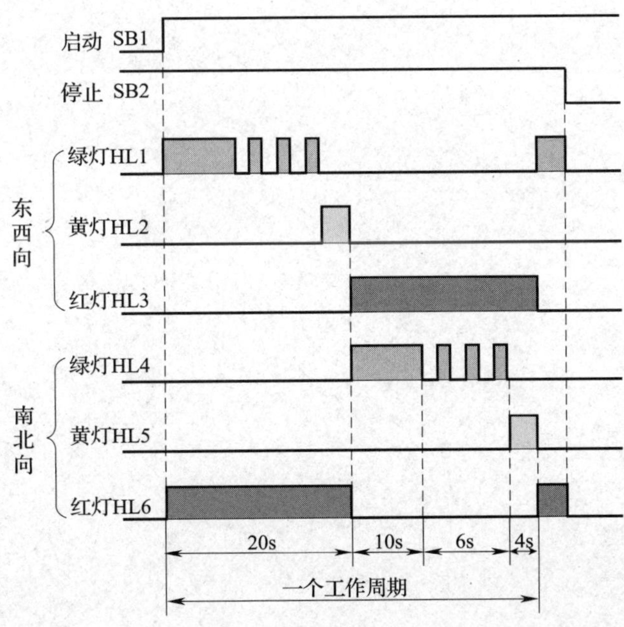

图 3–5–6 十字路口交通灯时序图

试运用 PLC 顺序控制设计法，绘制以编程元件 S 代表步的并行序列顺序功能图，使用 SCR 指令编写十字路口交通灯的 PLC 控制程序，并完成模拟安装与调试。

课题四　功能指令应用

任务 1　抢答器 PLC 控制

一、填空题（将正确的答案填写在横线上）

1. PLC 的功能指令又称为________________，是指在完成____________控制、__________控制、__________控制的基础上，PLC 制造商为满足用户不断提出的一些特殊控制要求而开发的指令。

2. 西门子 PLC 梯形图中的功能指令符号多用______________表示，其顶部标有该指令的____________。

3. 功能指令的语句表达式一般分为两个部分：第一部分表示指令的______________，第二部分为__________________________。

4. 源操作数是指令执行后____________的操作数，目标操作数是指令执行后_________________的操作数。从梯形图符号来说，功能框左边的操作数通常是________操作数，功能框右边的操作数为____________操作数。

5. 字节传送指令的助记符是________，字传送指令的助记符是________，双字传送指令的助记符是________，实数传送指令的助记符是________。

6. 要把 VB0 的值清零，用语句表可以写为________________；要把 MW2 的值清零，用语句表可以写为__________________。

7. 如果让 Q1.0 ~ Q1.2 输出，Q1.3 ~ Q1.7 不输出，用语句表可以写为____________________。

8. 将十六进制数 16#E071 传送到 VW0 中，则字节 VB0 中的数据为______________，字节 VB1 中的数据为______________。

9. 七段数码管可以显示数字_________和十六进制数字_________。七段数码管分____________结构和____________结构。

10. 以共阴极数码管为例，当 a、b、c、f、g 段接高电平发光，d、e 段接低电平不发光时，对应的七段显示电平为____________，对应的七段显示码为 16#________，显示数字__________。

11. 以共阴极数码管为例，如果显示数字 6，则__________________段接高电平发光，________段接低电平不发光，对应的七段显示电平为________________，对应的七段显示码为 16#________。

二、判断题（正确的在括号内打“√”，错误的在括号内打“×”）

1. 功能指令主要表达的是指令要完成什么功能，而不含表达梯形图符号间相互关系的成分。（　　）

2. 单个数据传送指令一次完成一个字节、字、双字的传送。（　　）

3. 字节传送时不能寻址专用的字和双字存储器，如 T、C 及 HC 等。（　　）

4. 位寻址的格式由存储器标识符、字节地址及位号组成。（　　）

5. S7-200 系列 PLC 可进行间接寻址的存储器是 I、Q、V、M、S、AI、AQ、T（仅当前值）和 C（仅当前值）。（　　）

6. 间接寻址是通过地址指针来存取存储器中的数据。（　　）

三、选择题（将正确答案的序号填入括号中）

1. 字节传送指令的梯形图形式是（　　）。

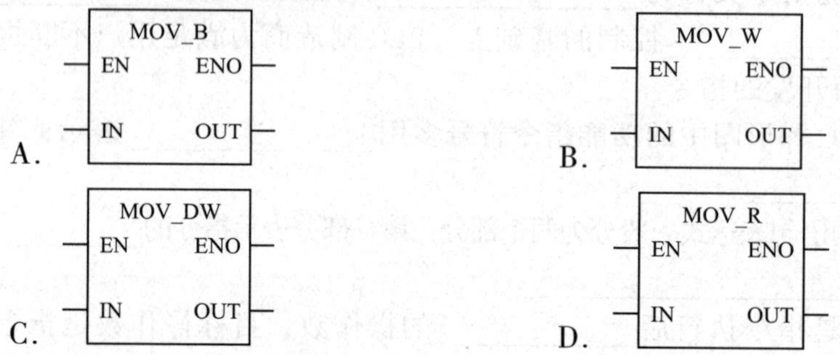

2. 字传送指令的助记符是（　　）。

A. MOVB　　B. MOVW　　C. MOVD　　D. MOVR

3. 字节传送指令的操作数 IN 和 OUT 可寻址的寄存器不包括（　　）。

A. V　　B. I　　C. Q　　D. AI

4. 下列选项中，（　　）属于字节寻址。

A. VB10　　B. VW10　　C. ID0　　D. I0.2

5. 只能使用字寻址方式来存取信息的寄存器是（　　）。

A. S　　B. I　　C. HC　　D. AI

6. 下列选项中，（　　）属于双字寻址。

A. QW1　　B. V10　　C. IB0　　D. MD28

7. 定时器设定值 PT 采用的寻址方式为（　　）寻址方式。

A. 位　　B. 字　　C. 字节　　D. 双字

8. 图 4-1-1 所示程序中的累加器用的是（　　）寻址方式。

A. 位　　B. 字节　　C. 字　　D. 双字

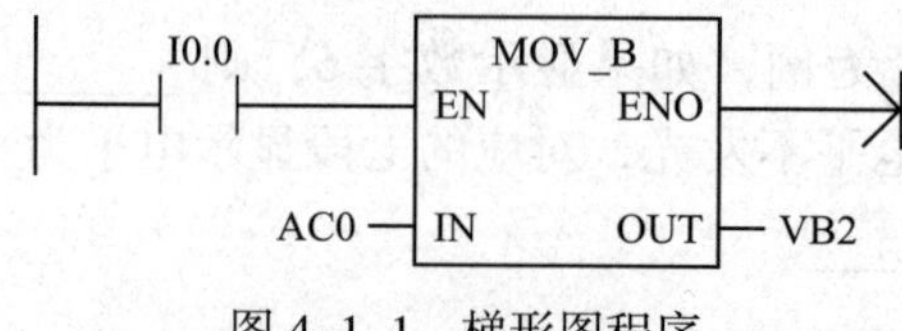

图 4-1-1　梯形图程序

9．数据传送指令 MOV 不能传送的数据类型是（　　）。

A．byte　　B．word　　C．bit　　D．double word

四、简答题

1．什么是连续执行方式？什么是脉冲执行方式？

2．数据传送指令的功能是什么？

3．七段译码指令的功能是什么？使用时应注意哪些问题？

4．什么是七段显示码？

5．S7-200 系列 PLC 的寻址方式有哪几种？各适用于哪些存储器区？

五、编程题

1．编写一段检测上升沿变化的程序。要求 I0.1 每接通一次，VB0 的数值增加 1，当计数达到 18 时，Q0.1 接通，用 I0.2 使 Q0.1 复位。

2．设有八盏指示灯，要求当 I0.0 接通时，全部灯亮；当 I0.1 接通时，奇数灯亮；当 I0.2 接通时，偶数灯亮；当 I0.3 接通时，全部灯灭。使用 MOV 指令编写满足上述控制要求的程序。

3. 某工厂生产的两种型号的工件所需加热时间分别为 40 s、60 s。要求使用两个开关来控制定时器的设定值，每个开关对应一设定值；用启动按钮和接触器控制加热炉的通断。使用 MOV 指令编写满足上述控制要求的程序。

六、技能题

应用数据传送指令设计电动机 Y－△降压启动控制电路和程序，并完成安装和调试。要求指示灯在启动过程中亮，启动结束时灭。如果发生电动机过载，停止工作并且灯光报警。

任务 2　彩灯循环闪亮 PLC 控制

一、填空题（将正确的答案填写在横线上）

1．移位指令包括________指令、________指令、________指令以及________指令。

2．SHL 指令使能端输入有效时，将输入的字节、字、双字______移 *N* 位，右端补______，并将结果输出至______指定的存储器单元，最后一次移出的位保存在_____中。

3．若 VW0 中的十六进制数为 16#FF95，则执行两次 SRW 指令后，字节 VB0 中的数据为________，字节 VB1 中的数据为________。

4. S7–200 系列 PLC 的 CPU 提供了四个累加器，其地址编号为________。累加器的可用长度为_____位，可采用字节、字、双字的存取方式。按字节、字只能存取累加器的低_____位或低_____位，双字可以存取累加器全部的_____位。

二、判断题（正确的在括号内打"√"，错误的在括号内打"×"）

1．字节左移位指令是将一个字节中的各位二进制数由高位向低位移动。（　　）

2．字右移位指令是将一个字中的各位二进制数由低位向高位移动。（　　）

3．字节移位指令的最大移位位数为 8 位。（　　）

4．双字移位指令的最大实际可移位次数为 32。（　　）

5．由于循环移位指令是循环移位，所以与特殊标志位寄存器无关。（　　）

6．累加器是可读写单元，可以按字节、字、双字存取累加器中的数值。（　　）

三、选择题（将正确答案的序号填入括号中）

1．字节右移位指令的梯形图形式是（　　）。

A. SHL_B（EN、ENO、IN、OUT、N）

B. SHL_W（EN、ENO、IN、OUT、N）

C. SHR_B（EN、ENO、IN、OUT、N）

D. SHR_W（EN、ENO、IN、OUT、N）

2．字左移位指令的助记符是（　　）。

A．SLB　　B．SLW　　C．SRB　　D．SRW

3．移位指令的最后一次移出位保存在标志位（　　）中。

A．SM1.0　　B．SM1.1　　C．SM1.2　　D．SM1.3

4．左 / 右移位指令的移位结果为零，则标志位（　　）置“1”。

A．SM1.0　　B．SM1.1　　C．SM1.2　　D．SM1.3

5．循环左、右移位指令所需移位的数值是零时，标志位（　　）为“1”。

A．SM1.0　　B．SM1.1　　C．SM1.2　　D．SM1.3

6．若 VB0 中原存储的数据为 16#01，则执行指令“SLB VB0,1”后，VB0 中的数据为（　　）。

A．16#02　　B．16#00　　C．16#80　　D．16#08

7．若 VB0 中原存储的数据为 16#01，则执行指令“RRB VB0,1”后，VB0 中的数据为（　　）。

A．16#02　　B．16#00　　C．16#80　　D．16#08

四、简答题

移位指令、循环移位指令的功能是什么？移位指令与循环移位指令有什么不同？

五、编程题

1．编制一段程序实现如下功能：将 VW200 中的数据向左移动 3 位，结果送入 MW20 中；将 VW100 中的数据向右移动 2 位，结果送入 VW100 中。

2. 现有三台电动机 M1、M2、M3，要求先启动 M1，经过 2 s 后，M2 自动启动，再经过 2 s 后，M3 自动启动；按停止按钮后，三台电动机一起停止。

试使用 PLC 顺序控制设计法，绘制以辅助继电器 M 为步元件的顺序功能图，并使用移位指令设计满足上述控制要求的程序。

六、技能题

1．应用循环移位指令进行流水灯 PLC 控制系统的设计，并完成模拟安装与调试。

控制要求：HL1 ~ HL16 共 16 盏灯接于 Q0.0 ~ Q1.7。要求当 I0.0 为 ON 时，流水灯先以正序每隔 1 s 轮流点亮；当 Q1.7 点亮后，停 3 s，然后以反序每隔 1 s 轮流点亮；当 Q0.0 再次点亮后，停 3 s，重复上述循环过程。当 I0.1 为 ON 时，流水灯即刻停止工作。

2. 使用PLC顺序控制设计法，绘制以辅助继电器M为步元件的顺序功能图，应用移位指令设计十字路口交通灯PLC控制系统，并完成安装和调试。

控制要求：当PLC运行后，十字路口的交通灯按照如图4–2–1所示的时序图运行。东西方向上，绿灯亮8 s，闪动4 s后熄灭，接着黄灯亮4 s后熄灭，红灯亮16 s后熄灭；与此同时，南北方向上，红灯亮16 s后熄灭，绿灯亮8 s，闪动4 s后熄灭，接着黄灯亮4 s后熄灭……如此循环下去。

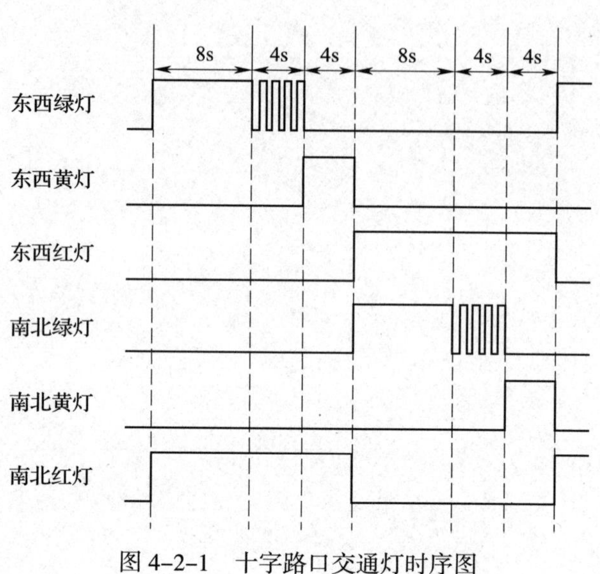

图4–2–1　十字路口交通灯时序图

任务3 密码锁PLC控制

一、填空题（将正确的答案填写在横线上）

1. 数值比较指令用于比较两个操作数IN1与IN2的大小关系，两个操作数可以是________，也可以是________。该指令在梯形图中用带________和________的触点表示，比较条件成立时，触点就_________，否则_________，所以数值比较指令实际上也是一种________指令。在语句表中，数值比较指令与基本逻辑指令________、________和________进行组合后编程。

2. 数值比较指令的类型有___________比较、___________比较、___________比较和___________比较。

3. 数值比较指令的运算符有________、________、________、________、________和________。

4. 递增和递减指令包括________、________、________递增和递减指令。

二、判断题（正确的在括号内打"√"，错误的在括号内打"×"）

1. 字节比较指令用于比较两个字节型整数值的大小，字节比较指令是有符号的（最高位为符号位）。（ ）

2. 整数比较指令用于比较两个单字长整数值IN1和IN2的大小，整数比较指令是无符号的。（ ）

3. 双字整数比较指令用于比较两个双字长整数值IN1和IN2的大小，双字整数比较指令是有符号的（最高位为符号位）。（ ）

4. 实数比较指令用于比较两个双字长实数值IN1和IN2的大小，实数比较指令是有符号的（最高位为符号位）。（ ）

5. 字节递增和递减指令是无符号的，字递增和递减指令、双字递增和递减指令都是有符号的。（ ）

6. 字节递增指令是将输入字（IN）加1，并将结果存入OUT指定的变量中。（ ）

7. 字递减指令是将输入字节（IN）减1，并将结果存入OUT指定的变量中。（ ）

三、选择题（将正确答案的序号填入括号中）

1. （ ）是字节比较指令的梯形图形式。

A. IN1 ┤<>B├ IN2　B. IN1 ┤==I├ IN2　C. IN1 ┤<=D├ IN2　D. IN1 ┤<=R├ IN2

2. （ ）是整数比较指令的梯形图形式。

A. IN1 ┤<>B├ IN2　B. IN1 ┤==I├ IN2　C. IN1 ┤<=D├ IN2　D. IN1 ┤<=R├ IN2

3.（　　）是双字整数比较指令的梯形图形式。

A. IN1 ┤<>B├ IN2　　B. IN1 ┤==I├ IN2　　C. IN1 ┤<=D├ IN2　　D. IN1 ┤<=R├ IN2

4.（　　）是实数比较指令的梯形图形式。

A. IN1 ┤<>B├ IN2　　B. IN1 ┤==I├ IN2　　C. IN1 ┤<=D├ IN2　　D. IN1 ┤<=R├ IN2

5. 比较条件是“等于”的梯形图形式是（　　）。

A. IN1 ┤<>B├ IN2　　B. IN1 ┤==I├ IN2　　C. IN1 ┤<=D├ IN2　　D. IN1 ┤<=R├ IN2

6. 比较条件是“不等于”的梯形图形式是（　　）。

A. IN1 ┤<>B├ IN2　　B. IN1 ┤==I├ IN2　　C. IN1 ┤<=D├ IN2　　D. IN1 ┤<=R├ IN2

7. 字节递增指令的梯形图形式是（　　）。

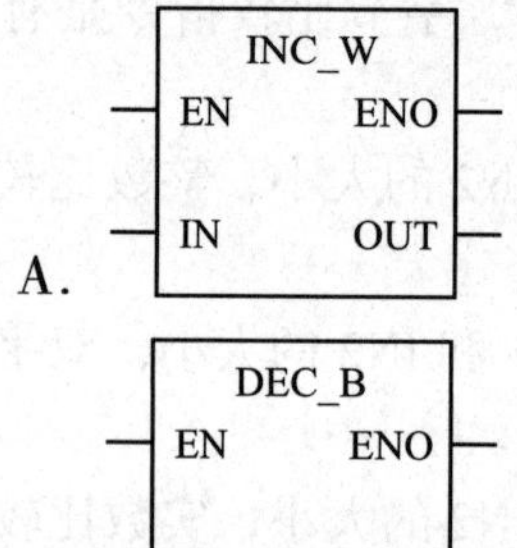

A. INC_W（EN ENO IN OUT）　　B. INC_B（EN ENO IN OUT）

C. DEC_B（EN ENO IN OUT）　　D. DEC_W（EN ENO IN OUT）

8. 双字递增指令的梯形图形式是（　　）。

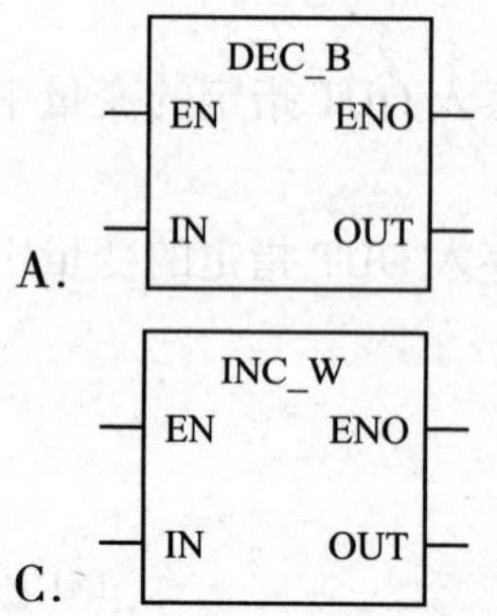

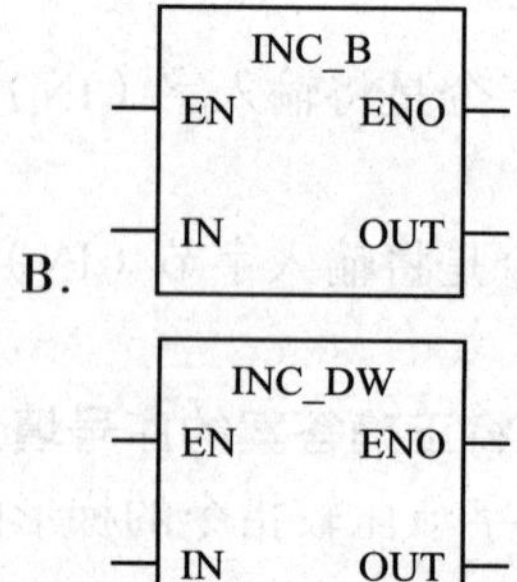

A. DEC_B（EN ENO IN OUT）　　B. INC_B（EN ENO IN OUT）

C. INC_W（EN ENO IN OUT）　　D. INC_DW（EN ENO IN OUT）

9. 字递增指令的助记符是（　　）。

A. DECW　　B. INCW

C. INCB　　D. DECB

四、编程题

1．用接通延时定时器和数值比较指令设计占空比可调的脉冲发生器（断电 10 s、通电 5 s）。

2．用三个开关（I0.0、I0.1、I0.2）控制一盏灯 Q1.0，当三个开关全通或者全断时灯亮，其他情况灯灭。用数值比较指令编写控制程序实现上述控制要求。

3．某生产线有三台电动机，要求按下启动按钮时，三台电动机每隔 5 s 分别依次启动；按下停止按钮时，三台电动机同时停止。用数值比较指令编写控制程序实现上述控制要求。

4. 如图 4–3–1 所示为两组带式运输机组成的原料运输自动化系统，该自动化系统的启动顺序为先启动带式运输机 C，5 s 后再启动带式运输机 B，经过 7 s 后再打开电磁阀 YV，停机顺序与启动顺序相反。用数值比较指令编写 PLC 控制程序。

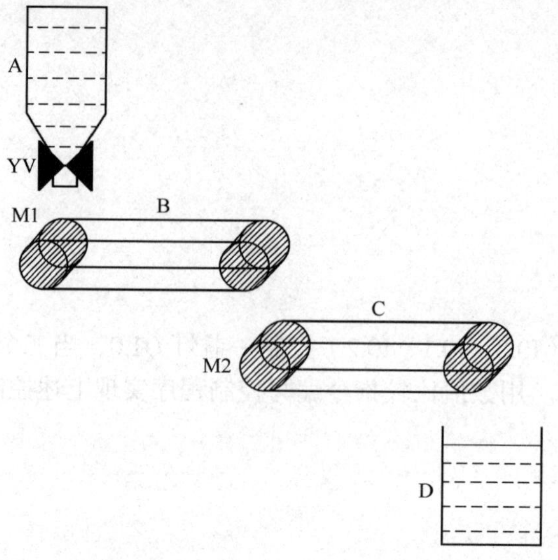

图 4–3–1　两组带式运输机组成的原料运输自动化系统

5．使用递增指令设计加热器的单按钮功率控制程序。加热器的单按钮功率控制电路如图 4-3-2 所示。

控制要求：有 7 个功率调节挡位，分别是 0.5 kW、1 kW、1.5 kW、2 kW、2.5 kW、3 kW 和 3.5 kW，由一个功率调节按钮 SB1 和一个停止按钮 SB2 控制。第 1 次按下 SB1 时功率为 0.5 kW，第 2 次按下 SB1 时功率为 1 kW，第 3 次按下 SB1 时功率为 1.5 kW……第 8 次按下 SB1 或随时按下 SB2 时，停止加热。

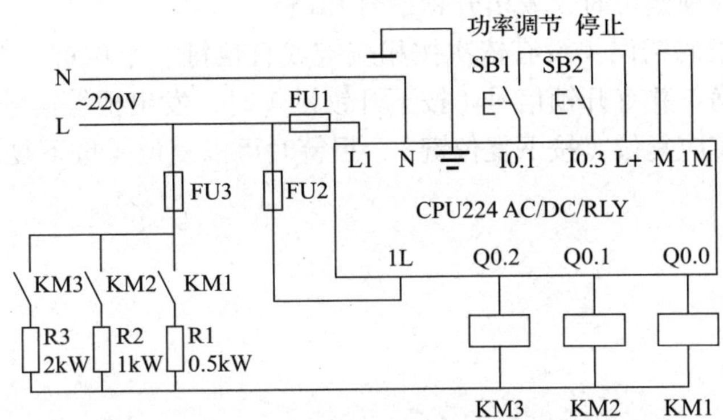

图 4-3-2 加热器的单按钮功率控制电路

五、技能题

1．用计数器指令和数值比较指令设计一个密码锁程序，并完成控制线路的安装和调试。控制要求如下：

（1）设三位密码为“263”，密码锁有五个按键，即百位键、十位键、个位键、开锁键及复位键。

（2）当开锁密码正确（依次按百位键 2 次，按十位键 6 次，按个位键 3 次）并有开锁信号（按下开锁键）时，发出开锁信号开锁。

（3）当开锁密码错误（没有依次按相应键或百位键、十位键、个位键任意一个键按下的次数不正确）并有开锁信号（按下开锁键）时，发出报警信号。

（4）操作结束应复位（按下复位键），报警时可以复位（按下复位键）。

2. 使用数据传送指令和数值比较指令设计一个自动控制小车运行方向（见图 4–3–3）的程序，并完成控制线路的安装和调试。

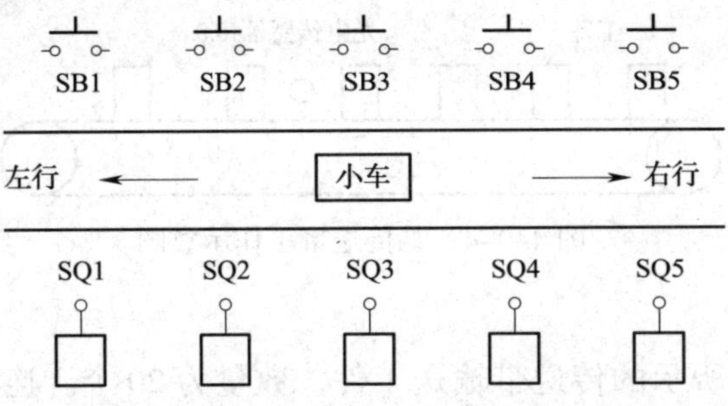

图 4–3–3 自动控制小车运行方向示意图

控制要求如下：

（1）当小车所停位置限位开关 SQ 的编号大于呼叫位置按钮 SB 的编号时，小车向左运行到呼叫位置时停止。

（2）当小车所停位置限位开关 SQ 的编号小于呼叫位置按钮 SB 的编号时，小车向右运行到呼叫位置时停止。

（3）当小车所停位置限位开关 SQ 的编号等于呼叫位置按钮 SB 的编号时，小车不动。

3．图 4–3–4 所示为某传送带工作示意图，要求使用数据传送指令、数值比较指令及递增指令设计传送带 PLC 控制程序，并完成控制线路的安装与调试。

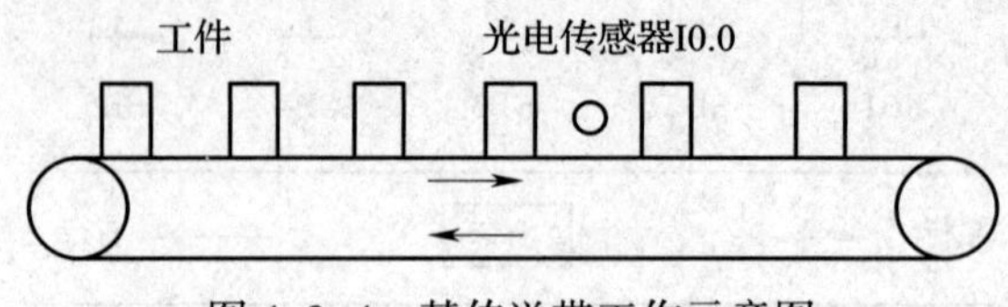

图 4–3–4　某传送带工作示意图

控制要求如下：

（1）用图 4–3–4 所示的传送带输送工件，数量为 20 个。连接 I0.0 端子的光电传感器对工件进行计数。当计件数量小于 15 时，指示灯常亮；当计件数量等于或大于 15 时，指示灯闪烁；当计件数量为 20 时，10 s 后传送带停止，同时指示灯熄灭。

（2）具有短路、过载保护等必要的保护措施。

课题五　PLC 综合应用技术

任务 1　应用 PLC 改造 X62W 型铣床电气控制系统

一、填空题（将正确的答案填写在横线上）

1．将常用机床的继电器控制系统升级改造为 PLC 控制系统时，在满足控制功能的前提下应尽量________________。如果不增加新的控制功能，则_________保持不变。

2．将常用机床的继电器控制系统升级改造为 PLC 控制系统时，如果接触器、电磁阀、电磁离合器等线圈的额定电压为 380 V，应更换线圈电压为___________。

3．将常用机床的继电器控制系统升级改造为 PLC 控制系统时，应将控制电路中的中间继电器、时间继电器、计数装置全部去除，其功能可以分别由软元件____________、____________、____________实现。

4．S7–200 系列 AC/DC/RLY 型 PLC 的电源电压范围为________________，S7–200 系列 DC/DC/DC 型 PLC 的电源电压为___________。

5．将常用机床的继电器控制系统升级改造为 PLC 控制系统时，对于原控制系统的一般联锁功能可以用___________来实现，但对于正反转接触器之类的重要互锁，除___________外，还必须具有_______________________。

6．为了节省输入点数，两个热继电器的常闭触点_________后连接 PLC 的一个输入端子。

7．在干扰较强或对可靠性要求高的场合，可以在 PLC 的交流电源输入端加接_____________________和_____________。

8．PLC 的输入端或输出端接有感性元件时，应在它们两端并联___________（对于直流电路）或_____________（对于交流电路），以抑制电路断开时产生的电弧对 PLC 的影响。

二、判断题（正确的在括号内打“√”，错误的在括号内打“×”）

1．PLC 控制正反转接触器时，已经采用了软件互锁，就可以不再采用硬件互锁。（　　）

2．大量的工程实践表明，PLC 外部的输入、输出元件的故障率远远高于 PLC 本身的故障率。（　　）

3．系统输出量变化不是很频繁时，一般选用继电器型输出模块。（　　）

4．PLC 与强电设备可以使用同一个接地装置。（　　）

三、简答题

1．简述应用 PLC 改造常用机床的原则。

2．简述应用 PLC 改造常用机床的工艺步骤。

3．PLC 控制系统接地时应该注意什么问题？

四、技能题

1．如图 5–1–1 所示为 Z3050 型摇臂钻床继电器控制系统电气原理图。主轴电动机 M1 随时都可以启停，并保持。SB2 是启动按钮，SB1 是停止按钮，KM1 是主轴电动机接触器，KH1 是热继电器，SB3 是摇臂上升按钮，SB4 是摇臂下降按钮，SQ1U 是摇臂上升终端限位开关，SQ1D 是摇臂下降终端限位开关，KM2 是摇臂上升接触器，KM3 是摇臂下降接触器。假设想使摇臂上升，就要按 SB3 按钮，这时如果摇臂处在抱住立柱的位置，那么 SQ2 限位开关的常开触点是断开的，常闭触点是闭合的，这样控制油泵放松的接触器 KM4 与电磁铁 YA 就先得电，使摇臂与立柱松开，当放松到位时，SQ2 动作，常开触点闭合，常闭触点断开，这样摇臂就可以上升了。下降也是同样的动作过程。当上升结束时，松开 SB3 按钮，KT、KM2、KM3、KM4 全部失电，经过 KT 延时闭合的常闭触点延时后，油泵夹紧方向的接触器 KM5 得电吸合。同时，YA 继续得电吸合直到夹紧到位，SQ3 限位开关动作，KM5 与 YA 全部失电。SB5 是立柱放松按钮，SB6 是立柱夹紧按钮，用于控制立柱与主轴箱的夹紧与放松。

要求应用 PLC 升级改造原 Z3050 型摇臂钻床继电器控制系统，并完成 PLC 控制线路的安装和调试。

➢ I/O 地址分配表。

➢ PLC 硬件接线图。

➢ PLC 程序。

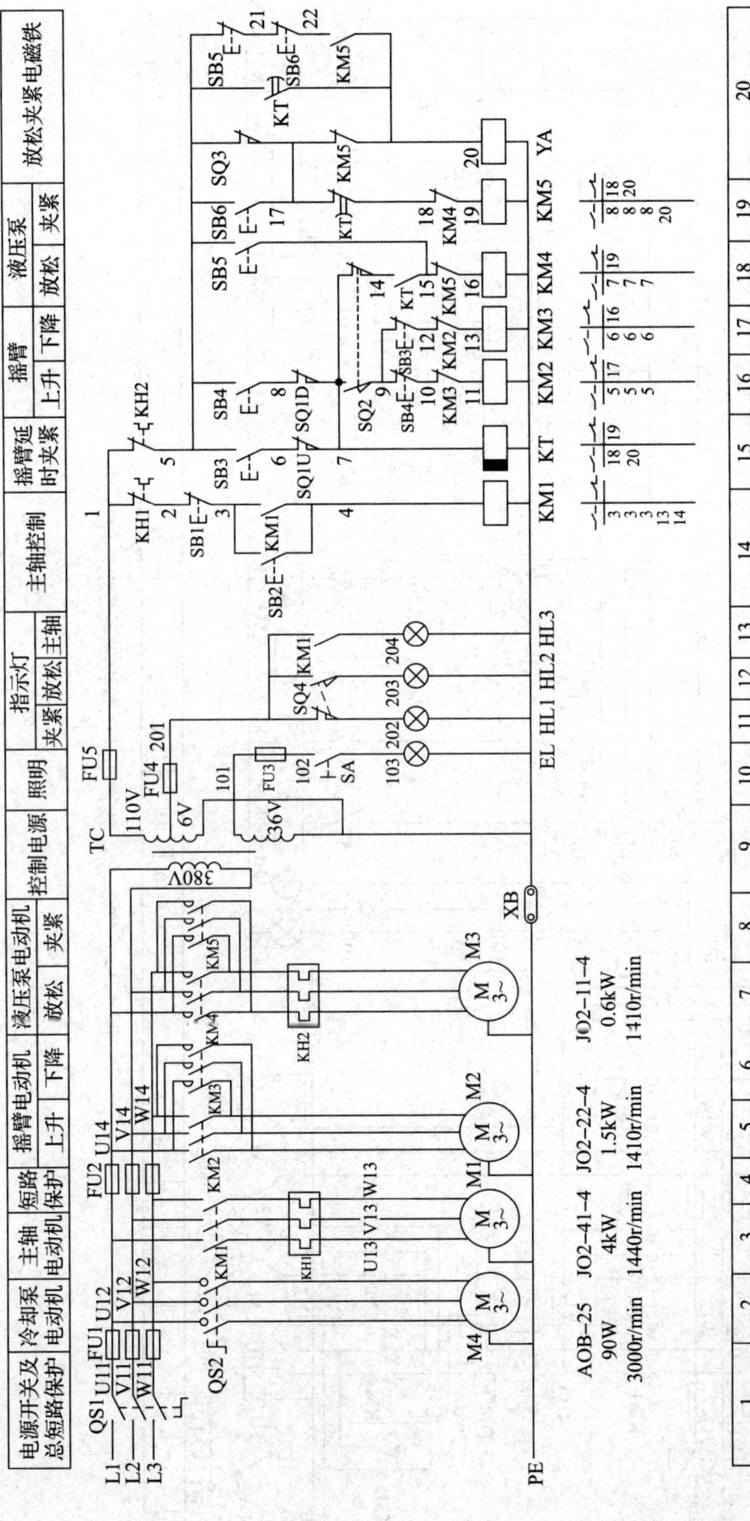

图 5-1-1 Z3050 型摇臂钻床继电器控制系统电气原理图

2. 如图 5-1-2 所示为 T68 型卧式镗床继电器控制系统电气原理图。

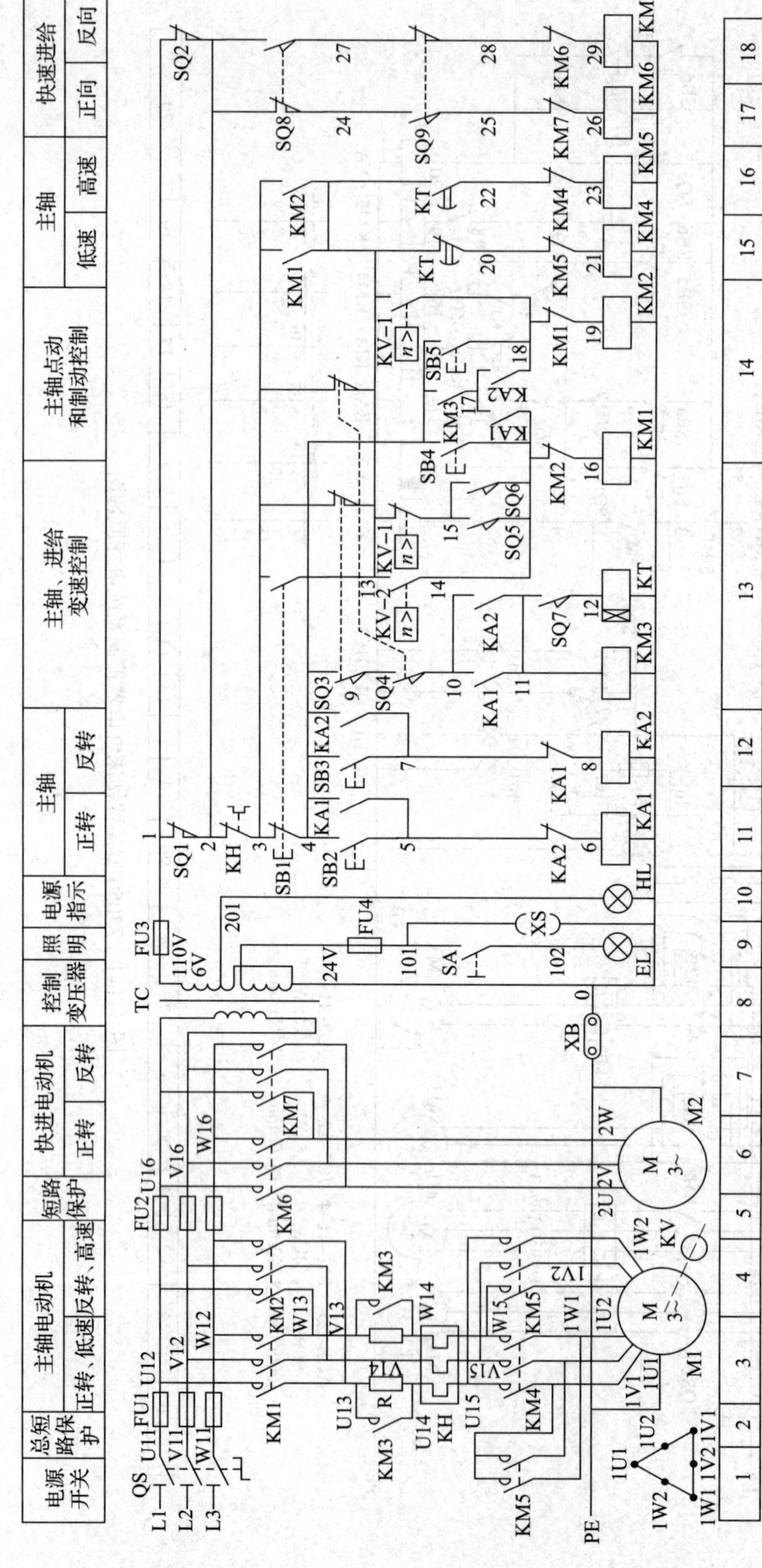

图 5-1-2　T68 型卧式镗床继电器控制系统电气原理图

控制要求如下：

（1）主轴电动机 M1 的控制

1）主轴电动机 M1 低速控制。将 T68 型卧式镗床高、低速手柄扳到“低速”挡位置：

①按下主轴电动机 M1 的正转启动按钮 SB2，主轴电动机 M1 接成△接法低速正转；按下主轴电动机 M1 的停止按钮 SB1，主轴电动机 M1 反接制动停止。

②按下主轴电动机 M1 的反转启动按钮 SB3，主轴电动机 M1 接成△接法低速反转；按下主轴电动机 M1 的停止按钮 SB1，主轴电动机 M1 反接制动停止。

2）主轴电动机 M1 高速控制。将 T68 型卧式镗床高、低速手柄扳到“高速”挡位置：

①按下主轴电动机 M1 的正转启动按钮 SB2，主轴电动机 M1 接成△接法低速正转启动；经过一定的时间，主轴电动机 M1 接成YY接法高速正转运行。

②按下主轴电动机 M1 的反转启动按钮 SB3，主轴电动机 M1 接成△接法低速反转启动；经过一定的时间，主轴电动机 M1 接成YY接法高速反转运行。

3）主轴电动机 M1 制动停止控制

①正转制动控制：当主轴电动机 M1 高、低速正向启动运行，其转速达到 120 r/min 时，按下主轴电动机 M1 停止按钮 SB1，主轴电动机 M1 串电阻 R 反转反接制动。当转速下降至 100 r/min 时，主轴电动机 M1 完成正转反接制动控制。

②反转制动控制：当主轴电动机 M1 高、低速反转启动运行，其转速达到 120 r/min 时，按下主轴电动机 M1 停止按钮 SB1，主轴电动机 M1 串电阻 R 正转反接制动。当转速下降至 100 r/min 时，主轴电动机 M1 完成反转反接制动控制。

4）主轴电动机 M1 点动、变速控制

①分别按下按钮 SB4 或 SB5，主轴电动机 M1 可正向或反向点动运转。

②当拉出主轴变速操作盘时，行程开关 SQ3 复位，主轴电动机 M1 停转。转动主轴变速操作盘，调整转速后，将操作盘压回原位。若主轴变速齿轮不能很好地啮合，则将压下行程开关 SQ6，主轴电动机 M1 做短时冲动，使主轴变速齿轮啮合良好。

（2）进给电动机 M2 的控制

1）机床工作台的纵向和横向进给。将快速手柄扳至快速正向移动位置时，行程开关 SQ9 被压下，进给电动机 M2 启动正转，带动各种进给正向快速移动；将快速手柄扳至快速反向移动位置时，行程开关 SQ8 被压下，进给电动机 M2 反向启动运转，带动各种进给反向快速移动。

2）进给变速控制。进给变速控制的控制过程与主轴变速控制的控制过程基本相同，只不过拉出的是进给变速操作手柄，将主轴变速控制中的行程开关 SQ3 换成 SQ4，而进给变速冲动的行程开关为 SQ5。

（3）具有短路、过载保护等必要的保护措施。

要求应用 PLC 升级改造原 T68 型卧式镗床继电器控制系统，并完成 PLC 控制线路的安装和调试。

➢ I/O 地址分配表。

➢ PLC 硬件接线图。

➤ PLC 程序。

任务2　应用PLC设计双面钻孔组合机床电气控制系统

一、填空题（将正确的答案填写在横线上）

1．设计梯形图程序时，较简单系统的梯形图可以用____________设计，复杂的系统一般采用____________设计法。

2．在进行梯形图程序的模拟调试时，一般根据顺序功能图，用小开关和按钮来模拟可编程序控制器实际的________信号，如用它们发出操作指令；或在适当的时候用它们来模拟实际的________信号，如限位开关触点的接通和断开。通过模块上各________位对应的发光二极管，观察各________信号的变化是否满足设计的要求。

3．调试顺序控制程序的主要任务是检查程序的运行是否符合____________的规定，即在某一转换实现时，是否发生____________的正确变化，该转换所有的__________是否变为不活动步，所有的__________是否变为活动步，以及各步被驱动的负载是否发生相应的变化。

4．跳转指令的梯形图形式是____________，语句表形式是____________；标号指令的梯形图形式是____________，语句表形式是____________。

5．跳转/标号指令的功能是当使能输入有效时，跳转指令JMP线圈有信号流过，使程序流程跳转到________________________处，顺序执行________________的程序，而____________________________的程序不执行。若使能输入无效，跳转指令JMP线圈没有信号流过，则顺序执行____________________________的程序。

6．子程序在同一个周期内被多次调用时，不能使用________、______________、______________和________指令。

7．S7-200系列PLC将错误分为____________错误和____________错误。

8．可以通过选择STEP7-Micro/WIN软件菜单中的“______”→“________”菜单命令，来查看因错误而产生的错误代码。

二、判断题（正确的在括号内打“√”，错误的在括号内打“×”）

1．可以在主程序、子程序或中断程序中使用跳转指令，但与跳转相应的标号必须位于同一段程序中（无论是主程序、子程序还是中断程序）。（　　）

2．可以在SCR程序段中使用跳转指令，但相应的标号指令必须在同一个SCR程序段中。（　　）

3．编号相同的两个或多个JMP指令不可以用在同一程序里。（　　）

4．在同一程序中，可以使用相同编号的两个或多个LBL指令。（　　）

5．可以有多条跳转指令使用同一标号，但不允许有一个跳转指令对应两个标号的情况，即在同一程序中不允许存在两个相同的标号。（　　）

6．执行跳转指令后，被跳过程序段中的Q、M、S、C等元件的位保持跳转前的状态。（　　）

7. 执行跳转指令后，被跳过程序段中的计数器 C 停止计数，当前值存储器保持跳转前的计数值。（　　）

8. 执行跳转指令后，被跳过程序段中的 1 ms 和 10 ms 定时器会一直保持跳转前的工作状态，其位的状态也不会改变。（　　）

9. 执行跳转指令后，被跳过程序段中的 100 ms 的定时器会停止工作，但不会复位，存储器里的值为跳转时的值。（　　）

10. 一般将标号指令设在相关跳转指令之后，这样可以减少程序的执行时间。（　　）

11. 由于跳转指令具有选择程序段的功能，因此在同一段程序且位于因跳转而不会被同时执行的程序段中的同一线圈不被视为双线圈。（　　）

12. 子程序的调用是有条件的，未调用它时不会执行子程序的指令，因此使用子程序可以减少扫描时间。（　　）

13. 可以在主程序、另一子程序或中断程序中调用子程序，但是不能在子程序中调用自己（即不允许递归调用）。（　　）

14. 停止调用子程序时，子程序内线圈的 ON/OFF 状态改变。（　　）

15. 当 S7–200 系列 PLC 发生致命错误时会导致 S7–200 系列 PLC 停止运行。（　　）

16. 当 S7–200 系列 PLC 发生非致命错误时，S7–200 系列 PLC 并不一定停止运行。（　　）

17. 当 S7–200 系列 PLC 发生非致命错误时，用户可以通过编程使 S7–200 系列 PLC 停止运行。（　　）

18. 修改程序或清除 CPU 内存可以清除硬件故障。（　　）

三、选择题（将正确答案的序号填入括号中）

1. PLC 用于实现替代（　　）的功能。

A. 传统的继电器控制系统　　B. PLC 控制系统

C. 工控机系统　　D. 传统开关按钮型操作面板

2. 必须成对使用的指令是（　　）指令。

A. S 和 R　　B. LPS 和 LPP

C. LSCR 和 SCRT　　D. JMP 和 LBL

3. JMP N 这条指令中，N 的取值范围是（　　）。

A. 1 ~ 64　　B. 0 ~ 128

C. 0 ~ 255　　D. 0 ~ 256

4. 若用（　　）作为跳转指令的工作条件，跳转就成为无条件跳转。

A. SM0.0　　B. SM0.1　　C. SM0.6　　D. SM0.7

5. 下列不属于非致命错误的是（　　）。

A. 程序编译错误　　B. I/O 错误

C. 存储卡失灵　　D. 程序执行错误

6. 下列不属于编译错误的是（　　）。

A．非法指令　　B．堆栈溢出

C．标号重复　　D．比较节点间接寻址

7．下列不属于主要故障检查项目的是（　　）。

A．电源故障检查　　B．电池更换

C．输入 / 输出检查　　D．环境条件检查

8．PLC 的某输入行程开关动作后，输入继电器无响应，同时指示灯也不亮，则下列对该故障的分析不正确的是（　　）。

A．行程开关故障　　B．CPU 模块故障

C．输入模块故障　　D．传感器供电电源故障

9．PLC 的某输出继电器控制的接触器不动作，检查发现对应的继电器指示灯亮，则下列对该故障的分析不正确的是（　　）。

A．接触器故障　　B．端子接触不良

C．输出继电器故障　　D．软件故障

四、简答题

1．设计 PLC 控制系统的基本原则及主要内容是什么？

2．简述可编程序控制器控制系统的设计与调试步骤。

3．简述在实训室模拟调试可编程序控制器程序的方法。

4．在进行 PLC 的硬件系统设计时要注意哪些问题?

5．简述 S7–200 系列 PLC 的 CPU 输出不工作的原因及解决方法。

五、编程题

1．用跳转指令编程控制两盏灯（分别接于 Q0.0 和 Q0.1）。控制要求如下：

（1）要求能实现自动与手动控制的切换，切换开关接于 I0.0，若 I0.0 为 OFF 则为手动控制，若 I0.0 为 ON 则切换到自动控制。

（2）手动控制时，能分别用一个开关控制它们的启停，两盏灯的启停开关分别为 I0.1、I0.2。

（3）自动控制时，两盏灯能每隔 1 s 交替闪亮。

2. 用跳转指令设计三台三相异步电动机手动 / 自动操作的 PLC 控制程序。控制要求如下：

（1）手动操作方式：分别用每台电动机各自的启 / 停按钮控制 M1 ~ M3 的启 / 停状态。

（2）自动操作方式：按下启动按钮，M1 ~ M3 每隔 5 s 依次启动；按下停止按钮，M1 ~ M3 同时停止。

（3）具有短路、过载保护等必要的保护措施。

3．分别用跳转指令和子程序指令设计如图 5-2-1 所示送料小车 PLC 控制系统。控制要求如下：

（1）当小车处于后端时，按下启动按钮，小车向前运行，行至前端压下前限位开关，翻斗门打开装货，7 s 后，关闭翻斗门，小车向后运行，行至后端，压下后限位开关，打开小车底门卸货，5 s 后底门关闭，完成一次动作。

（2）运料小车具有以下几种运行方式。

1）手动操作：用各自的控制按钮，一一对应地接通或断开各负载的工作。

2）单周期操作：按下启动按钮，小车往复运行一次后，停在后端等待下次启动。

3）连续操作：按下启动按钮，小车自动连续往复运动，直至按下停止按钮。

（3）具有短路、过载保护等必要的保护措施。

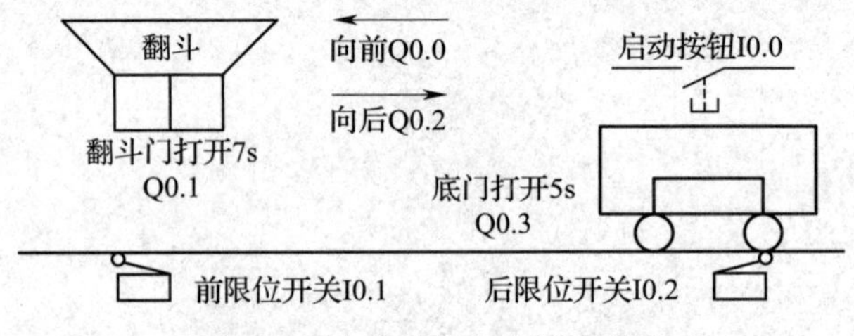

图 5-2-1　送料小车控制示意图

➢ 使用跳转指令设计送料小车 PLC 控制系统。

- 使用子程序指令设计送料小车 PLC 控制系统。

4．用子程序指令设计教材课题五任务 2 双面钻孔组合机床电气控制系统的 PLC 控制程序。

六、技能题

1．应用跳转指令设计教材课题三任务 2 气动机械手 PLC 控制系统，并完成 PLC 控制线路的安装和调试。现要求在原来自动控制的基础上增加手动控制，用一个输入点进行自动与手动操作的切换，并要求机械手在原点（即 SQ1 处）时才能开始自动运行。

➢ I/O 地址分配表。

➢ 程序结构和自动控制程序的顺序功能图。

➢ PLC 程序。

2. 多工步机床是用于加工棉纺锭子锭脚的一种加工机床，其加工工艺比较复杂，零件加工前为实心配件，整个机械加工过程分为七个工步，依次为钻孔、车平面、钻深孔、车外圆及钻孔、粗铰阶梯孔及倒角、精铰阶梯孔、铰锥孔。各加工工步的分解动作见表 5-2-1。

表 5-2-1　多工步机床各加工工步的分解动作

工位	工步	工步名称	工步内容	工步分解动作
1	1	钻孔	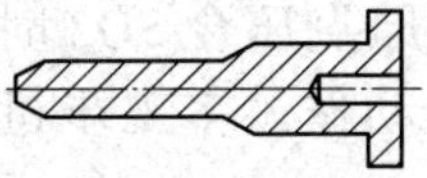	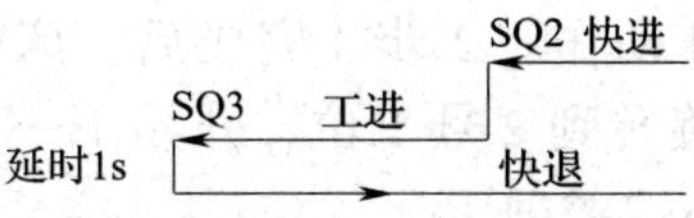 SQ2 快进 SQ3 工进 延时1s 快退
2	2 3	车平面 钻深孔	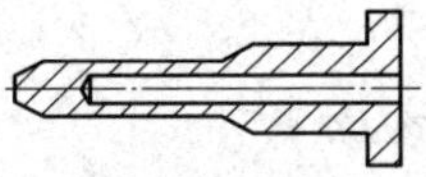	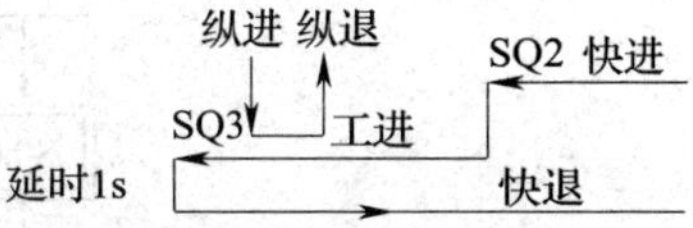 纵进 纵退 SQ2 快进 SQ3 工进 延时1s 快退
3	4	车外圆 及钻孔	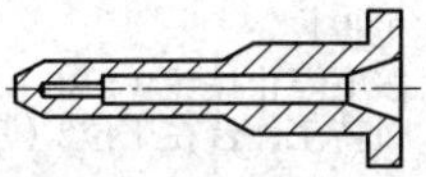	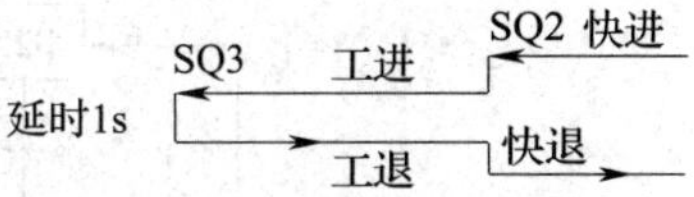 SQ2 快进 SQ3 工进 延时1s 工退 快退
4	5	粗铰阶梯 孔及倒角	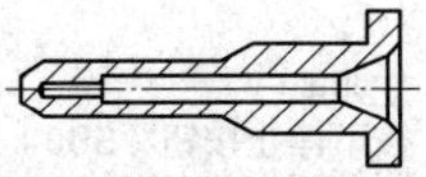	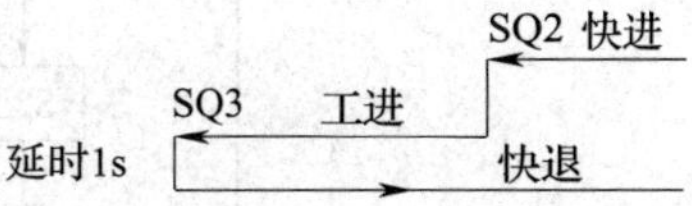 SQ2 快进 SQ3 工进 延时1s 快退
5	6	精铰阶梯孔	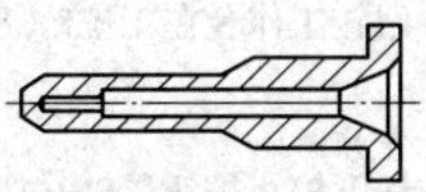	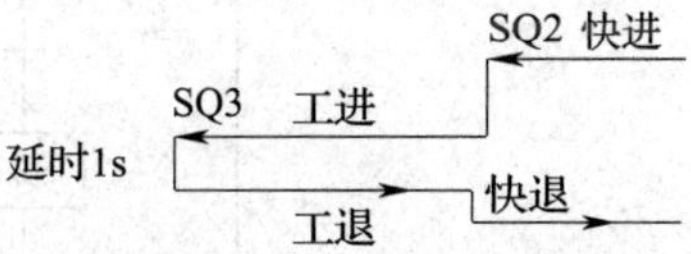 SQ2 快进 SQ3 工进 延时1s 工退 快退
6	7	铰锥孔	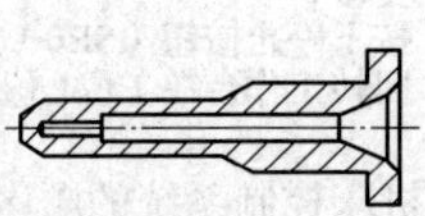	 SQ2 快进 SQ3 工进 延时1s 快退

多工步机床由主轴、床鞍、小滑板、回转工作台组成。加工时工件由主轴上的夹头夹紧，并由主轴电动机 M1 驱动做旋转运动，床鞍载着回转工作台做横向进给运动，

其进给速度由双速电动机 M2 控制，可实现工进（低速）和快进（高速）。回转工作台还可以进行旋转（工位 1 ~ 工位 6），由电动机 M3 控制。小滑板载着工作台做纵向进给运动，其运动由电磁阀控制气缸完成，电磁阀线圈得电时，气缸顶出使工作台纵向前进；失电时，气缸复位使工作台纵向后退。

要求用 PLC 设计多工步机床控制系统，并完成 PLC 控制线路的安装和调试。

控制要求如下：

（1）将该多工步机床的动作原点定在工步 1 开始工作之前，即回转工作台处在工位 1，床鞍处在原点（SQ3 压合），按下启动按钮 SB1 后，工件旋转，机床按工步 1 动作。工步 1 完成后，床鞍回到原点压合 SQ3 时，工件停止旋转，回转工作台旋转到 2 号工位，开始下一工步的动作。多工步机床控制系统的顺序功能图如图 5–2–2 所示。

（2）具有短路、过载保护等必要的保护措施。

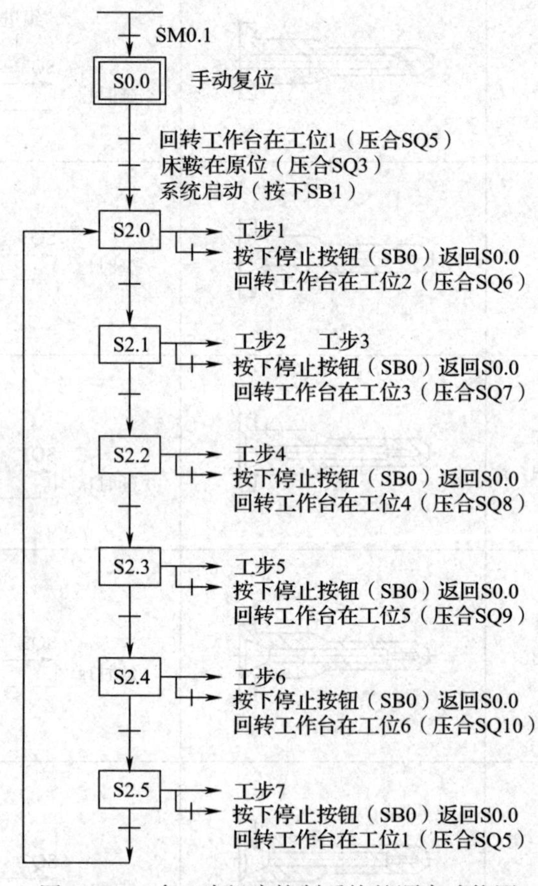

图 5–2–2 多工步机床控制系统的顺序功能图

➢ I/O 地址分配表。

➢ PLC 硬件接线图。

➢ PLC 程序。

任务 3　PLC 与变频器控制电动机实现多段速运行

一、填空题（将正确的答案填写在横线上）

1．变频器的调速方法有________调速、________________调速、________调速和________________调速等。

2．西门子 V20 系列变频器由____________控制并采用具有现代先进技术水平的绝缘栅双极型晶体管（IGBT）技术。

3．西门子 V20 系列变频器主电路完成电能的________________，控制电路完成信息的________________________。

4．西门子 V20 系列变频器主电路中的逆变模块在 CPU（DSP 处理器部分）的控制下，将________________逆变成____________________________输出给电动机负载。西门子 V20 系列变频器的直流环节是通过电容进行滤波的，因此，属于_______________变频器。

5．西门子 V20 系列变频器包含了_________、_________、_________、_________四个数字量的输入端子，每个端子分别有一个对应的参数__________、__________、________、________用来设定该端子的功能。

6．变频器的加速时间是指从____________加速到____________所需的时间，减速时间是指从____________减速到____________所需的时间。设定加减速时间的原则是在______________________________前提下，尽量地缩短__________________。

二、选择题（将正确答案的序号填入括号中）

1．若变频电动机旋向不对，可通过交换（　　）中任意两相接线进行调整。

A．U、V、W　　B．R、S、T　　C．L1、L2、L3　　D．三种均可

2．三相交流输入电源应分别接西门子 V20 系列变频器的（　　）端子。

A．U、V、W　　B．L1、L2、L3

C．DI1、DI2、DI3　　D．R、S、T

3．变频器容量越大，需要制动时的外接制动电阻的阻值越（　　），功率越（　　）。

A．大　大　　B．小　大　　C．小　小　　D．大　小

4．变频电动机出现转速不上升现象，可能的原因是（　　）。

A．下限频率设置过低　　B．上限频率设置过高

C．上限频率设置过低　　D．负载变轻

5．变频器减速时间设置过小，会引起（　　）。

A．过电压　　B．过电流

C．过电压或过电流　　D．过热

6．（　　）为西门子 V20 系列变频器的加速时间参数。

A．P1080　　B．P1082　　C．P1120　　D．P1121

三、简答题

1．简述变频器安装时应注意的问题。

2．简述变频器与 PLC 连接使用时应注意的问题。

3．简述西门子 V20 系列变频器恢复出厂设置的方法。

四、技能题

1．通过 S7–200 系列 PLC 和西门子 V20 系列变频器联机，实现电动机正反转控制。具体控制要求为：按下正转按钮 SB2，电动机启动并正向运行，频率为 35 Hz；按下反转按钮 SB3，电动机反向运行，频率为 35 Hz；按下停止按钮 SB1，电动机停止运行；电动机加、减速时间分别为 10 s。试完成控制系统的设计、安装与调试。

2. 通过S7-200系列PLC和西门子V20系列变频器联机，实现电动机三段速运转控制。具体控制要求为：按下启动按钮SB2，电动机启动并运行在第一段，频率为10 Hz；延时20 s后电动机运行在第二段，频率为20 Hz；再延时10 s后电动机反向运行在第三段，频率为50 Hz；按下停止按钮SB1，电动机停止运行。试完成控制系统的设计、安装与调试。

任务 4　利用 PLC、触摸屏与变频器实现小车运料控制

一、填空题（将正确的答案填写在横线上）

1．触摸屏系统一般包括____________和____________两个部分。

2．可以通过________________或者________________连接组态计算机和触摸屏。

3．可以通过________________或者________________连接 PLC 和触摸屏。

二、选择题（将正确答案的序号填入括号中）

1．触摸屏用于实现替代（　　）的功能。

A．传统继电器控制系统　　B．PLC 控制系统

C．工控机系统　　D．传统开关按钮型操作面板

2．触摸屏的尺寸指的是触摸屏的（　　）。

A．长度　　B．宽度　　C．对角线　　D．厚度

3．触摸屏通过（　　）方式与 PLC 交流信息。

A．通信　　B．I/O 信号控制　　C．机械连接　　D．电气连接

4．触摸屏实现数值输入时，要对应 PLC 内部的（　　）。

A．输入点　　B．输出点　　C．变量存储器　　D．定时器

5．触摸屏实现按钮输入时，要对应 PLC 内部的（　　）。

A．输入点　　B．内部辅助继电器

C．数据存储器　　D．定时器

6．触摸屏实现数值显示时，要对应 PLC 内部的（　　）。

A．输入点　　B．输出点　　C．变量存储器　　D．定时器

7．触摸屏不能替代传统操作面板的（　　）功能。

A．手动输入的常开按钮　　B．数值拨码开关

C．急停开关　　D．LED 信号灯

三、简答题

1．什么是人机界面？人机界面最基本的功能是什么？

2．触摸屏有什么优点？

3．为了实现 S7-200 系列 PLC 与 SMART 700 IE 触摸屏的通信，需要做哪些操作?

4．触摸屏的内部变量和外部变量各有什么特点?

四、技能题

1．使用 WinCC flexible SMART V3 组态软件制作组态画面。具体要求如下：

（1）在画面上组态一个指示灯，用来显示 PLC 中 Q0.0 的状态。

（2）在画面上组态两个按钮，分别用来将 PLC 中的 Q0.0 置位和复位。

（3）在画面上组态一个输出域，用 5 位整数显示 PLC 中 VW10 的值。

（4）在画面上组态一个输入 / 输出域，用 5 位整数显示 PLC 中 VW12 的值。

2．利用 PLC 和触摸屏设计一个满足如下控制要求的系统：

（1）利用触摸屏上的按钮 M0.0 和 M0.1 产生启动信号和停止信号。

（2）当 PLC 进入 RUN 模式时，将定时器 T37 的设定值传送给 VW2，T37 和它的常闭触点组成一个锯齿波发生器，T37 的当前值按锯齿波变化。

（3）用触摸屏显示 VW0 中 T37 的当前值，并修改 VW2 中 T37 的设定值。

（4）用触摸屏上的指示灯显示 Q0.0 的状态。

画出 PLC 控制梯形图和组态画面，并完成通信和调试。